AF332089

VOTRE HISTOIRE

ET

LA MIENNE

VOTRE HISTOIRE

ET

LA MIENNE

PAR

ARISTIDE ROGER

OUVRAGE ILLUSTRÉ DE **48** GRAVURES

PARIS

LIBRAIRIE D'ÉDUCATION

GÉRANT : **AMABLE RIGAUD,** ÉDITEUR

33, QUAI DES AUGUSTINS, 33

VOTRE HISTOIRE

ET

LA MIENNE

I.

Le salon du docteur. — Les causeries du jeudi soir. —
M. Molène et ses auditeurs. — La nature et les êtres vivants.
— Les exigences du corps humain. — L'art de vivre en
bonne santé.

Au fond de la vallée de Bièvre, près de l'endroit
où la route de Versailles fait un coude pour s'enfoncer dans le pittoresque vallon de la Juvinière, s'élève
une jolie petite maison entourée de vergers et de
jardins. C'est là que s'est retiré depuis deux ou trois
ans un des plus habiles médecins que nous ayons
eus à Paris, je veux nommer M. Molène. Le bon docteur
que ses soixante-dix ans bien sonnés n'empêchent
pas de courir encore au secours du malheureux qui
le réclame, a quitté la grande ville pour aller vivre
paisiblement à la campagne auprès de sa fille et de
son gendre, qui charment sa vieillesse par toutes
sortes de prévenances et de bons soins.

1

L'été, le docteur cueille les plantes et étudie les insectes des bois environnants ; l'hiver, il relit souvent ses vieux livres, et chaque semaine, le jeudi soir, il raconte aux nombreux amis qui viennent l'écouter, les drames dont il fut témoin dans sa carrière médicale ; il leur fait part de la science qu'il possède, et leur donne sur tout ce qui les intéresse de sages avis et de bons conseils. Les paysans des villages voisins le connaissent et le chérissent. Plusieurs, avec les quels il s'est trouvé en relation, se sont attachés à lui, et c'est avec la joie la plus vive qu'ils viennent assister à ses causeries.

Or, l'autre soir, les auditeurs se pressaient autour de la cheminée dans le salon du docteur. La semaine précédente un brave homme de Jouy-en-Josas, déjà sexagénaire mais quelque peu hypochondriaque, avait supplié le vieux docteur de lui indiquer *les moyens de prolonger la vie,* et même, s'il était possible de devenir centenaire comme le berger prophète, Jean Tobie.

Le docteur s'était rendu à sa prière, et le soir dont nous parlons, au moment où huit heures sonnaient, M. Molène prenait la parole en ces termes :

— « Je vous ai promis la semaine dernière de vous apprendre à vivre longtemps !... C'est une science que vous êtes curieux de connaître, un art que tous les hommes voudraient bien posséder.

Tous, tant que nous sommes, nous aimons cette

vie, malgré les déceptions et les douleurs qui l'accompagnent, et de tout temps les grands médecins ont cherché, mais en vain, à pénétrer les profonds mystères de la vie et de la mort.

Leurs patientes études n'ont point été cependant tout-à-fait infructueuses. Il en est résulté la science la plus utile aux hommes, l'*Hygiène*, qui nous apprend à conserver la santé et à éviter les maladies.

Mais je n'ai pas l'intention d'aborder aujourd'hui l'étude de cette science, dont les sages préceptes vous feront, si vous les écoutez, parvenir à l'extrême vieillesse.

Il faut auparavant que je vous dise un peu ce que nous sommes, vous et moi, sur cette terre, et qu'avant de vous apprendre à régler la pendule, je vous apprenne un peu les fonctions de ses rouages et le jeu de ses ressorts. »

Ici, le brave homme de Jouy-en-Josas ne put retenir un cri de surprise et d'effroi.

— « Ne craignez rien, monsieur Bardane, ajouta le docteur en souriant, vous êtes bien plus solide que vous ne le pensez, et personne ici n'a de meilleurs rouages que les vôtres.

Vous satisfaites pleinement aux trois conditions du proverbe : *Bon pied, bon œil et bonne dent.*

J'ajouterai que vous respirez à merveille et que vous êtes aussi bon raisonneur que qui que ce soit ;

par conséquent vous n'avez qu'à vous laisser vivre pour aller jusqu'à cent ans. »

Ces paroles ayant complètement rassuré M. Bardane, le docteur reprit :

— « Dans la nature, mes chers amis, tout ce qui respire se ressemble. Tous les êtres organisés ont été créés d'après un même plan.

Vous seriez fort surpris si je vous disais qu'entre un homme et un végétal il y a beaucoup de ressemblance ; eh bien, cela est ainsi pourtant.

Voyez un arbre : il a des racines qui puisent dans la terre la sève qui doit le nourrir, et des feuilles qui baignent dans l'atmosphère et servent à sa respiration. Il est destiné à mourir à la place même où il est né ; aussi ses racines s'y attachent-elles par mille ramifications, et ses branches se développent-elles de tous les côtés.

Considérez l'homme à présent : il a des vaisseaux qui puisent dans son tube digestif les matériaux qui composent le sang fait pour nourrir ses organes; il a des poumons pour respirer, comme l'arbre a des feuilles.

Mais l'homme n'ayant pas été créé pour passer sa vie au même endroit, il a fallu que la nature modifiât pour lui l'organisation qu'elle avait donnée au végétal. Elle s'est contentée pour cela d'enfermer dans l'intérieur du corps humain les organes que chez le végétal elle avait placés extérieurement, de sorte que l'homme peut être considéré comme un arbre replié en lui-même, et tout à fait indépendant du climat et du sol.

Mais, après l'avoir rendu capable de vivre en tous lieux, il fallait encore que la nature donnât à l'homme le mouvement, et une lumière qui pût le diriger. Elle ajouta dans ce but à ses organes végétatifs les muscles et le cerveau, c'est-à-dire la roue, et la force capable de la faire mouvoir, et l'homme eut alors pour domaine le globe tout entier.

La nature cependant ne voulait pas qu'il en fût le seul maître.

Comme si elle avait eu peur de la grande puissance qu'elle venait de donner à sa créature privilégiée, elle l'entoura d'ennemis qu'elle doua de la force brutale en les privant toutefois de la raison, afin qu'ils ne fussent pas encore supérieurs à l'homme lui-même. De plus, elle sema dans l'atmosphère, les germes d'une multitude de fléaux, et voulut que le roi de la création fût de tous les êtres organisés, le plus exposé aux accidents et aux maladies.

Heureusement, grâce à la raison, l'homme a trouvé contre ses ennemis de redoutables moyens de défense, et il a deviné les causes de la plupart des maux qui peuvent le frapper.

Dès lors, il lui a été possible de les prévenir et de les éviter ; il a découvert les principes de l'hygiène, et trouvé le secret de prolonger la vie.

« Vous savez, mes chers amis, qu'il *faut manger pour vivre et non pas vivre pour manger.*

Un ancien avare, nommé Harpagon, trouvait ces paroles si belles, qu'il voulait les faire graver en lettres d'or dans sa salle à manger. Moi aussi je les trouve admirables, non pas toutefois comme le sieur Harpagon, parce qu'elles prêchent en faveur de l'économie et de l'avarice, mais parce qu'elles sont un sage précepte d'hygiène.

Je ne vous dirai jamais : économisez sur votre estomac, ce serait un fort mauvais conseil ; mais bien, faites usage de bons et de salutaires aliments.

Le bon roi Henri voulait que chaque paysan pût mettre la poule au pot le dimanche : il avait là une excellente idée dont l'histoire lui a tenu compte. Sous son règne, en effet, on vivait misérablement dans les campagnes. Parmentier, qui devait nous donner la pomme de terre, n'était pas encore venu au monde ; les récoltes manquaient quelquefois comme de nos jours, et les pauvres paysans se trouvaient bien heureux quand ils avaient quelques choux à manger avec leur gros pain de seigle dur comme le granit.

Eh bien ! aujourd'hui encore, malgré les incontestables progrès de l'alimentation rurale, il serait à désirer que nos paysans, toujours grands mangeurs de légumes, fissent usage d'une nourriture un peu plus variée.

Notre corps est composé d'une multitude d'organes qui n'ont pas tous la même composition. Nous avons des os, des cartilages, des muscles, des artères, des veines, des nerfs, des membranes des dents, des ongles, des cheveux, etc., etc., qu'il nous faut nourrir, et qui doivent trouver dans les aliments que nous prenons les substances nutritives nécessaires à la croissance de chacun d'eux.

Or, ces substances, comme vous le devinez, sont très-diverses, et ne se trouvent pas réunies à la fois dans un même aliment, si ce n'est pourtant dans l'œuf et le lait qui les contiennent toutes.

Mais il ne serait pas facile de vivre continuellement d'œufs et de lait. Il faut donc que nous trouvions ailleurs tous les matériaux dont nous avons besoin, et ce n'est pas trop de recourir alors à la fois au pain, à la viande, aux légumes, qui peuvent nous les fournir.

— Certainement ! fit tout à coup M. Bardane, mais je voudrais bien savoir au juste, combien de fois il faut manger par jour ?

— Cela doit être proportionné au travail que l'homme accomplit, répondit le docteur, et, par conséquent, aux forces qu'il dépense.

Vous, monsieur Bardane, qui vous levez tard et vous couchez tôt, comme le roi d'Yvetot, de joyeuse mémoire ; M. Verdier, notre instituteur, qui ne sort guère de chez lui ; notre bon curé, presque tout le jour en prières; nous tous enfin, qu'on appelle des *messieurs*, nous ferions sagement, je crois, d'adopter, la mode parisienne, et de ne faire que deux repas par jour.

Mais ceux qui exercent une profession manuelle un peu fatigante, ou qui travaillent en plein air, ne peuvent s'astreindre à ce régime. Qu'ils fassent donc quatre repas « *dans leur palais de chaume* », ces braves travailleurs! qu'ils soient sainement et abondamment nourris par le maître de la ferme à laquelle ils sont attachés, ou bien, s'ils ont le bonheur d'avoir leur petit ménage, qu'ils n'hésitent point à s'acheter chaque jour un peu de viande et un verre de bon vin.

L'ouvrier des villes, surtout, a les plus grandes facilités pour se procurer une alimentation substantielle et variée.

Qu'il prélève un impôt sur ses amusements et ses plaisirs du dimanche au profit de sa table, il s'en trouvera beaucoup mieux.

Qu'il aille respirer, une fois la semaine, l'air vivifiant de la campagne. Il puisera dans les champs de douces émotions et une provision de santé qui lui permettra de se livrer sans fatigue aux travaux du lendemain.

En un mot, mes chers amis, si vous voulez jouir d'une existence relativement exempte d'afflictions et de misères corporelles, veillez surtout à ce que les

deux aliments essentiels de la machine humaine,
l'air et le pain, soient toujours, pour vous, de première qualité. Aimez le soleil, le travail, la pro-
preté, la promenade rustique ; suivez une bonne
hygiène alimentaire et faites en sorte de vous lever
de table sans éprouver aucun sentiment de pléni-
tude ou de dégoût.

Voilà, ce que j'avais résolu de vous dire aujour-
d'hui.

La prochaine fois je vous parlerai de l'organisation de notre estomac, et vous verrez un peu à
quoi l'homme s'expose, quand il est glouton et bu-
veur.

Ces derniers mots, prononcés d'une façon particulière, firent tressauter, sur son siége, le marguillier de la paroisse, qui assistait à la réunion.
M. Martin comprenait, sans doute, qu'il avait sur ce
point quelques petits reproches à se faire, et peut-
être songeait-il à mettre déjà de l'eau dans son
vin.

Tous les auditeurs se promirent bien cependant
de revenir la semaine suivante, et M. Bardane, alerte
comme un jeune homme, reprit, en sautillant, le
chemin de Jouy-en-Josas.

1.

II.

Quand les nombreux visiteurs qui s'étaient réunis huit jours après, chez M. Molène, eurent cessé leurs conversations, le docteur, familièrement accoudé à la cheminée, parla comme il suit :

— Je vous ai dit jusqu'à présent, mes chers amis, comment il fallait manger pour vivre, et pour ne point s'exposer aux accidents qui proviennent d'une alimentation trop maigre ou trop abondante.

Eh bien, puisque je vous ai appris à choisir votre nourriture, et que je vous ai mis pour ainsi dire le morceau à la bouche, je n'ai plus qu'à vous conseiller de l'avaler du meilleur appétit que vous pourrez, en vous proposant toutefois de le suivre, — seulement en théorie, bien entendu, — dans le grand voyage qu'il va faire...

— Comment! s'écria soudain M. Bardane, vous allez nous faire descendre jusqu'au fond de l'estomac, pour nous montrer ce qui s'y passe ?...

— Parfaitement, et nous irons bien plus loin encore, si le cœur vous en dit... Le voyage est beaucoup plus long que vous ne pensez, et nous verrons ce pauvre aliment subir bien des tribulations avant qu'il arrive au bout du chemin qu'il doit parcourir.

Tenez, pour plus de facilité choisissons un des aliments complets que nous connaissons, l'œuf, par exemple, et supposez, M. Bardane, qu'après l'avoir plongé pendant trois minutes dans l'eau bouillante, vous l'avez ouvert et salé selon votre goût...

— Je comprends, monsieur le docteur... j'aurai devant moi un œuf mollet, un œuf à la coque... Et Dieu sait si j'adore les œufs mollets !...

— Très-bien !... Vous prendrez alors votre œuf dans votre main gauche...

— Pardon !... après l'avoir mis dans un coquetier, monsieur le docteur...

— Ah ! Vous êtes un raffiné, monsieur Bardane, enfin, va pour le coquetier... Vous prendrez aussi une belle mouillette de pain blanc entre le pouce et l'index !

— Et je la tremperai comme il faut dans le jaune!... Dites-moi si je sais... Vous me faites venir l'eau à la bouche, docteur...

— C'est parfait... Maintenant, tenez-vous bien !
la science a l'œil sur vous !... Désormais le moindre
de vos mouvements est inscrit sur les tablettes de la
physiologie. Vous n'êtes plus qu'un automate dont
on connaît tous les ressorts, et dont la nature a la
clef...

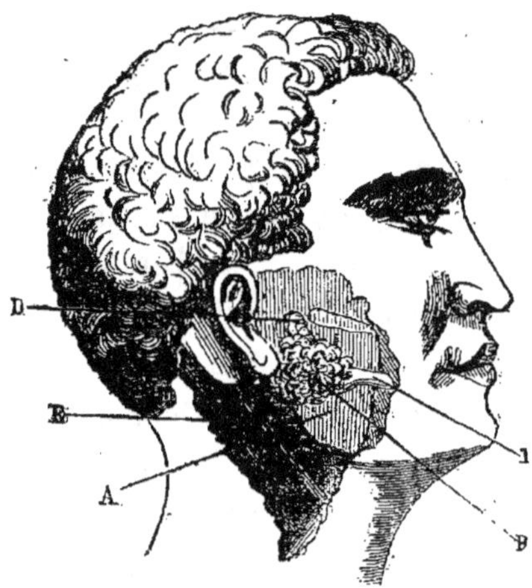

Fig. 1. — Glande salivaire parotide[1].

— Que me dites-vous-là, docteur ?...

— L'acte que vous faites, en portant à la bouche
la mouillette imbibée de jaune d'œuf, se nomme la
préhension des aliments ; et vos mains sont faites
autant pour l'accomplissement de cet acte que pour
le travail. Le chien prend sa nourriture avec sa

[1] A. Muscle recouvrant la mâchoire. B. D. Glande parotide.
I. Canal de la glande, traversant la joue pour s'ouvrir dans la
bouche. E. Muscles du cou.

langue, l'éléphant avec sa trompe, l'oiseau avec son bec, l'insecte avec ses mandibules, le poulpe avec ses suçoirs, l'homme avec ses doigts.

La civilisation, il est vrai, a mis au bout une fourchette ; mais la physiologie n'a rien de commun avec cet instrument-là.

Revenons, cependant, à la mouillette qu'il doit vous tarder d'avaler, monsieur Bardane, puisque vous aimez les œufs mollets.

Portez-la doucement à votre bouche : le mouvement est bien simple ; voilà le premier acte terminé.

A présent, examinez ce qui se passe : vos dents *incisives*, placées tout à fait en avant, tranchent la mouillette et limitent la *bouchée* ; les *canines*, qui viennent ensuite, déchirent le pain avec leur pointe aiguë, les *molaires* l'écrasent et le mâchent enfin sous leurs gros tubercules.

C'est là le deuxième acte, la *mastication*.

Mais il faut que je vous parle de deux personnages qui, durant cette seconde phase, jouent des rôles très-importants ; ce sont la *langue* et la *salive*. La langue fait l'office du meunier qui veille à ce que le blé soit toujours sous la meule, et ne s'en écarte point ; elle ramène sous les molaires les morceaux qui, sans elle, échapperaient à la mastication ; elle va et vient de tous côtés dans la bouche, écrasant ici une parcelle qui lui offre un peu de résistance,

nettoyant là bas, avec prestesse, un engrenage qui
vient de s'engorger.

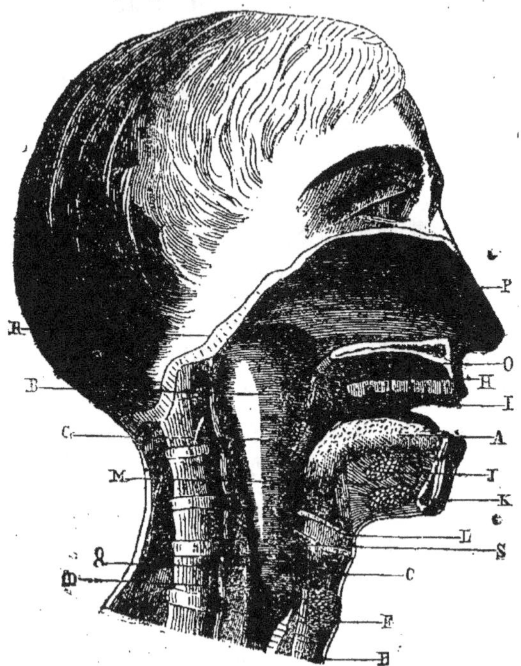

Fig. 2. — Coupe verticale de la bouche ét du pharynx[1].

La salive imbibe et mouille la bouchée que les
dents écrasent ; elle exerce, de plus, une action
chimique spéciale, sur les aliments farineux qu'elle

[1] A. Langue. — B. Pharynx. — C. Larynx. — D. Œsophage.
— E. Trachée-artère. — F. Corps thyroïde. — G. Amygdale.—
H. Luette et voile du palais. — I. Isthme du gosier. — J. Glande
saliv. sous-linguale. — K. Glande saliv. sous maxillaire. —
L. Os hyoïde. — M. Muscles de la langue. — O. Voûte du
palais. — P. Fosses nasales. — Q. Colonne vertébrale. —
R. Base du crâne.

contribue à changer en sucre, comme je vous l'expliquerai bientôt ; elle aide enfin considérablement à la *déglutition*, c'est-à-dire au passage de l'aliment dans l'*œsophage* qui le conduit à l'estomac.

La mastication terminée, la *déglutition* doit se faire, et je vous assure qu'elle est assez compliquée. La langue charge sur son dos l'aliment écrasé, comme le meunier place sur son épaule le sac de farine, et la porte du gosier, que les savants appellent l'*isthme,* doit s'ouvrir alors à deux battants.

Mais dès que cette porte-là est ouverte, une autre aussitôt doit se fermer ; celle qui conduit dans le larynx, la trachée-artère et le poumon, et ce n'est point une petite affaire, que cette ouverture et cette clôture simultanées des deux passages. Si ce soin dépendait de notre attention seulement, il est probable qu'à chaque coup nous ferions des maladresses, et nous avalerions de travers ; mais la nature a eu la bonne idée de placer à l'entrée du gosier des muscles chargés d'ouvrir et de fermer quand il en est temps, et ces vigilants serviteurs, à quelque heure du jour ou de la nuit qu'il nous plaise de manger, ne se trouvent jamais endormis à leur poste.

Quand tout est prêt, la langue se redresse, se retire un peu vers le gosier, et se contractant brusquement, elle jette dans l'œsophage l'aliment qui lui pesait sur le dos.

L'enfournement accompli, la mouillette toute mâchée parcourt le tube œsophagien, et franchissant bientôt son orifice inférieur nommé *cardia*, elle tombe dans l'estomac où sa digestion commence.

Un murmure de satisfaction accueillit ici les paroles du docteur, et celui-ci comprenant que sa leçon de physiologie arrivait à bon port aussi bien que le frugal déjeuner de M. Bardane, s'empressa de ressaisir, par une interpellation brusque, l'esprit de ses auditeurs.

— Savez-vous à quoi ressemble l'estomac ? leur demanda-t-il.

C'est tout simplement une grande poche, une sorte de sac ayant à peu près la forme d'une cornemuse, et se continuant à ses extrémités avec deux tubes : l'un dont je viens de vous parler, l'*œsophage*, chargé d'apporter les aliments ; l'autre, l'*intestin*, dans lequel les substances alimentaires s'engagent après avoir subi la digestion stomacale.

Pendant toute la durée de la digestion, l'intestin reste fermé. Son ouverture, qu'on appelle le *pylore* ou *portier*, est entourée d'un anneau musculaire très-puissant, et ce concierge consciencieux est incorruptible.

Les aliments auraient beau chercher à se soustraire à l'action de l'estomac, ils ne peuvent s'échapper ni se faire ouvrir la porte sans être complètement digérés. Le pylore ne transige pas avec sa consigne. On chercherait en vain à lui graisser la patte ; il ne connaît que son devoir. Auriez-

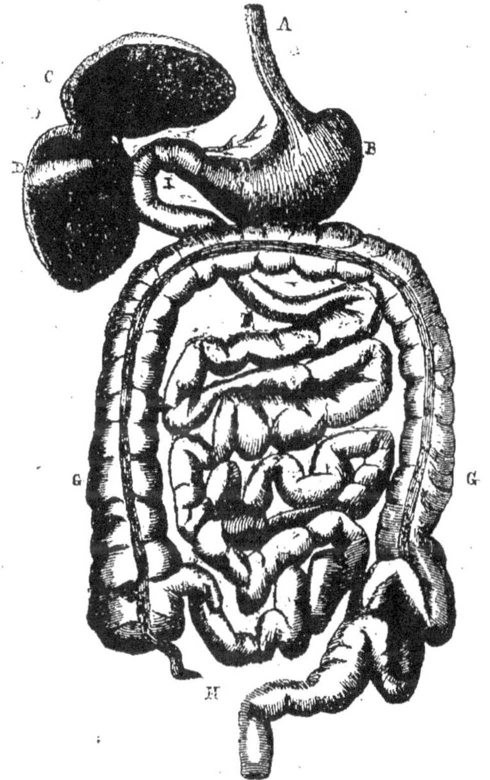

Fig. 3. — Le tube digestif [1].

vous avalé le petit Caporal lui-même, il ne passerait pas.

[1] A. Œsophage. — B. Estomac. — C. Foie. — D. Vésicule biliaire. — F. Intestin grêle. — G. Gros intestin. — H. Appendice iléo-cœcal. — I. Duodénum.

— Ah ! le digne concierge ! s'écria M. Bardane, il y en a comme ça mais pas beaucoup.

— Non certes, reprit le docteur, et nous devons lui être très reconnaissants de sa sévérité... Sans lui, les aliments ne feraient que traverser l'estomac. Ils seraient incapables de servir à notre nutrition, parce qu'ils n'auraient point été digérés, et nous mourrions de faim, même en mangeant à l'excès.

Nous serions alors atteints de cette terrible *lienterie* dont M. Purgon menaçait le malade imaginaire, et nous tomberions bientôt dans la dyssenterie, qui nous conduirait à la mort.

Mais, le pylore est là, toujours aux aguets, inflexible, et ce n'est que lorsque tout est bien trituré, pétri, mélangé, cuit à point, qu'il ouvre à deux battants l'entrée de l'intestin.

— Voilà qui est vraiment joli, — exclama tout à coup M. Martin, mais j'ai peine à croire qu'il existe ici-bas un personnage à ce point soucieux de son devoir, et je gage bien que ce brave Pylore, concierge de l'estomac, doit aussi s'oublier quelquefois ?...

Jamais, monsieur Martin, répondit le docteur... Jamais ! excepté pourtant quand il est gravement malade auquel cas, je vous l'assure, tout va bien mal dans la maison...

— Est-il possible !... Et comment devient-il malade ce bon serviteur ?...

Rappelez-vous M. Martin, ce que je vous disais tantôt. Le concierge de l'estomac devient malade quand il se présente à sa porte de mauvais aliments qui le maltraitent, l'irritent, le brûlent, et par leur méchanceté, le forcent à ouvrir et à les laisser passer...

— Ho ! ho !... Et quels sont ces coquins-là, s'il vous plaît ?

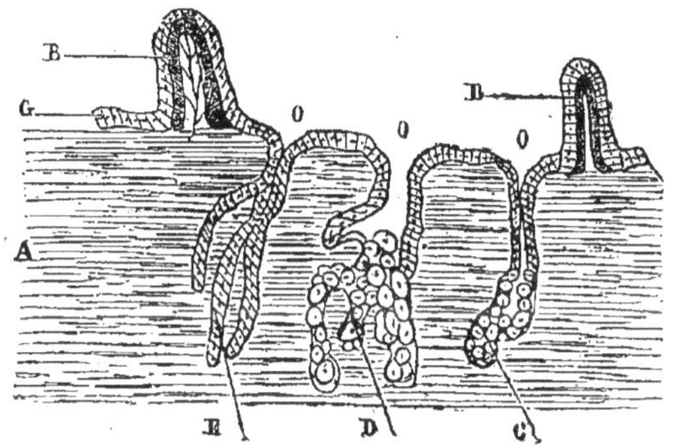

Fig. 4. — Coupe verticale de la paroi de l'estomac, vue à un fort grossissement [1].

— Il y en a toute une bande que vous connaissez bien... l'*eau-de-vie*, le *vin*, l'*absinthe*...

— Aïe!... aïe ! aïe !... Je vous jure bien monsieur le docteur, qu'ils ne m'empêcheront plus, dorénavant, de sonner mes cloches.

— Vous ferez bien de rompre avec eux, monsieur Martin, et maintenant que vous savez comment l'a-

[1] A. Paroi de l'estomac. — B. B. Villosité. — C. Glande à suc gastrique simple. — D. Glande à suc gastrique composée. — E. Follicule muqueux. — G. Épiderme ou épithélium tapissant la surface intérieure de l'estomac. — O. O. O. Orifice des glandes.

liment arrive et doit rester dans l'estomac, laissez-moi vous dire que celui-ci est tout tapissé à l'intérieur d'une infinité de petites glandes, qui s'ouvrent de la même manière que les pores sur la peau. Ces glandes fournissent, sécrètent, comme disent les savants, une liqueur particulière que l'on appelle le *suc gastrique*, et qui imbibe les aliments dans l'estomac, comme la salive le fait dans la bouche. Elle les réduit ainsi, secondée par de petits mouvements vermiculaires de l'estomac, en une bouillie épaisse nommée *chyme*, et c'est devant elle seulement que le pylore s'ouvre et s'écarte, pour laisser libre la voie de l'intestin.

Ces derniers mots suivis, d'un moment de silence, laissèrent M. Bardane profondément rêveur.

— Eh mais, fit-il tout-à-coup, en mettant sa main sur son ventre, c'est donc une espèce de cuisine qui s'opère en nous ?

— Une véritable cuisine, reprit M. Molène, une cuisine transcendante, désignée sous le nom de *chymification*, et dont la salive et le suc gastrique sont les principaux agents.

Je dois vous dire d'ailleurs, afin que vous puissiez la comprendre, que les aliments dont nous faisons notre nourriture habituelle ont généralement une composition assez compliquée :

Ils contiennent surtout *de la fécule et du gluten*, très-abondants, par exemple, dans le pain, les pommes de terre, et tous les farineux ; de la *fibrine* et de l'*albumine*, qui constituent en grande partie la viande et les œufs ; enfin des *corps gras*, qui, par parenthèse, sont les plus difficiles à digérer.

A présent que nous connaissons tout notre monde, supposez-le réuni dans l'estomac, cette casserole merveilleuse à laquelle nulle autre ne peut être comparée, attendu que, sans charbon et sans feu, elle cuit elle-même tout ce qu'on lui confie; qu'elle fournit tous les ingrédients nécessaires ; et qu'elle arrive toujours à faire cuire à point.

Voilà donc pêle-mêle dans la casserole, de la fécule, du gluten, de la fibrine, de l'albumine, et des corps gras. Hein! quelle besogne de mêler, de lier, d'harmoniser, et de faire cuire tout ça !... Pensez un peu à tout ce travail, et voyez qui vous avez pour l'accomplir... un peu de salive, un peu de suc gastrique, et une casserole membraneuse comme un ballon de caoutchouc. Il faut pourtant que l'ouvrage se fasse, il n'y a pas à dire ; il faut qu'il soit livré en deux heures de temps, au plus tard ; il faut qu'il s'accomplisse, bon gré mal gré, que vous ayez mangé un gigot aux haricots à vous tout seul, ou que vous ayez grignoté seulement une croûte de pain dur. Ah ! c'est rude, allez; mais en présence d'une besogne comme celle-là, il est une chose à faire, c'est de se partager le travail.

Il n'est rien de tel que de s'entendre. Avec ce principe on vient à bout de tout. C'est ce qui se passe dans l'estomac : la salive et le suc gastrique s'entendent à merveille: celui-ci se charge d'attaquer et de réduire en bouillie l'albumine et la fibrine : celle-là se charge de la fécule et du gluten. Et tranquillement, la digestion se fait. La casserole, de son côté, ne se borne pas à contenir le mélange et à regarder faire ; elle se remue aussi ; elle accomplit de petits mouvements qu'on appelle *péristaltiques*, et remplace de cette façon la cuillère du cuisinier qui remue la sauce. Voilà, messieurs, pendant que vous êtes occupés à chanter, rire et boire, ce qui se passe chez vous.

— Hé ! hé ! monsieur le docteur, fit alors le marguillier, vous ne nous dites pas dans tout cela qui se charge de faire cuire les corps gras dans cette casserole ? Moi, j'aime beaucoup le lard, ayant été quelque peu Auvergnat, dans le temps, et je ne serais pas fâché de savoir comment il se comporte quand j'en ai mangé...

— C'est vrai, monsieur Martin, j'oubliais les corps gras, mais à dessein, peut-être, parce que la salive et le suc gastrique sont à peu près sans action sur eux. Ce n'est que plus loin, dans l'intestin, que leur digestion s'opère. Trois nouveaux ouvriers, *la bile, le suc pancréatique* et *le suc intestinal*, viennent reprendre en sous-main le travail déjà fait par la salive et le suc gastrique ; il le passent en revue, le complètent, le terminent, l'achèvent, et c'est à eux qu'est départie l'émulsion et la coction des corps gras.

Vous comprenez maintenant pourquoi un estomac habitué aux liqueurs alcooliques, remplit mal ses fonctions : ses glandes à suc gastrique ont été desséchées et taries ; Son principal ouvrier fait grève, et ne veut pas rentrer à l'atelier...

— Diantre ! fit M. Martin, n'y a-t-il rien à faire à cela ?

— Parbleu, si !... La médecine a bien trouvé quelque chose... Puisque l'ouvrier du malade a déserté l'atelier, il faut tout simplement lui en procurer un autre.

— C'est certain, mais comment faire ? Où diable embauche-t-on ces ouvriers-là ?...

— Où ils se trouvent, dans les estomacs...

— Dans les estomacs ! monsieur Molène, et comment cela, sans indiscrétion ?...

— On prend un bistouri, bien pointu ! et l'on fait une incision au-dessous de l'os de la poitrine.

— Une incision ! un bistouri pointu !... Il faut avoir le diable au corps pour entreprendre cette besogne ! Et l'on trouve des hommes qui se laissent faire ?...

— Oh ! par exemple !... Ils ne sont pas assez complaisants ! Et puis, si pour donner du suc gastrique à l'un, on faisait une incision à l'estomac de l'autre, on risquerait fort, au bout de quelque temps, de les voir mourir tous les deux. On s'adresse tout bonnement à un pauvre mouton ; on lui prend son suc gastrique, et on extrait le principe actif qui s'appelle la *pepsine*.

Le pharmacien met cette pepsine en petits paquets et les vend sous cette forme au malade qui en fait usage au moment du repas. La digestion s'opère alors tant bien que mal ; mais quoique la pepsine étrangère soit une bonne ouvrière, elle ne vaut pourtant pas celle qui se fabrique dans la casserole même, et je vous souhaite de n'en avoir jamais besoin.

— Je comprends cela parfaitement, fit alors d'un ton un peu prétentieux, M. Verdier, l'instituteur, mais depuis que vous nous parlez digestion et suc gastrique, monsieur le docteur, il y a une chose qui me taquine, qui me pèse...

— Sur l'estomac ?... demanda M. Bardane en riant et se frottant les mains de jubilation.

— Qu'est-ce que c'est ? demanda le docteur.

— Je voudrais bien savoir comment les médecins feraient pour prouver catégoriquement, à un saint Thomas qui se présenterait, la vérité de tout ce qu'ils racontent.

— Douteriez-vous, par hasard, monsieur Verdier ?

— Moi ! Dieu m'en garde !... mais je ne serais point fâché d'être bien convaincu que c'est le suc gastrique qui opère la digestion des aliments.

Oui ! oui !... voilà ce qu'il faudrait savoir ! firent

trois ou quatre auditeurs, en regardant surnoisement M. Molène qu'ils pensaient probablement surprendre en flagrant délit d'ignorance.

Fig. 5. — Fistule stomacale pratiquée sur un chien, pour recueillir le suc gastrique.

Mais le docteur, qui les voyait venir, ne put s'empêcher de sourire.

Hé ! rien n'est plus simple que de prouver cela, répondit-il. C'est si facile, que je suis fort surpris de voir notre excellent instituteur se battre les flancs pour trouver la solution d'un problème qu'un enfant pourrait résoudre....

— Vraiment ?.... fit M. Verdier un peu moqué...

— Parbleu !... cela saute aux yeux ! hasarda bravement M. Bardane.

Mais, à ces mots, prononcés avec un air de supériorité dédaigneuse par le bonhomme de Jouy-en-Josas, M. Martin, le marguillier, bondit sur son siége.

— Eh bien, voyons !... s'écria-t-il, que monsieur Bardane, qui se dit si savant, nous donne cette preuve que nous demandons ?...

M. Bardane, interloqué, recula instinctivement, et, sans se déconcerter, voulut essayer quelques mots d'explication.

Mais comme il pataugeait bel et bien à travers l'estomac, l'intestin et le pylore, M. Molène jugea prudent de venir à la rescousse et de lui porter secours.

— Il y a bien longtemps, dit-il, qu'on a prouvé l'action du suc gastrique sur les aliments. Un savant italien, l'abbé Spallanzani, a fait sur ce point d'importantes expériences. Pour arriver au but qu'il se proposait, il faisait avaler à différents petits animaux, à des pigeons, par exemple, des morceaux d'éponge attachés à une ficelle dont il tenait l'extrémité libre à la main.

Dès que l'éponge arrivait dans l'estomac, le suc

gastrique suintait de ses parois pour imbiber l'éponge.

Que faisait alors M. l'abbé?... Il laissait ce suc gastrique entrer sans défiance dans le piège qui lui avait été tendu ; puis, quand il jugeait le moment favorable, crac! il tirait tout à coup la ficelle, et rapportait, au bout, son morceau d'éponge parfaitement imprégné du liquide de l'estomac. Il introduisait alors dans un petit tube de métal, de la viande hachée menu, l'arrosait du suc gastrique puisé au moyen de l'éponge et patiemment il attendait...

Les premières fois qu'il fit ces expériences, il n'obtint pourtant aucun résultat. Le suc gastrique mouillait la viande hachée et c'était tout. Le bon abbé, fort désappointé, se grattait l'oreille, et ne comprenait pas. Il voyait seulement qu'il perdait tout son latin à ces digestions artificielles.

Un jour enfin, il s'aperçut tout à coup que, maladroit cuisinier, il oubliait de chauffer sa casserole, comme le singe de la fable d'éclairer sa lanterne. Mais comment faire ? il ne pouvait dans ce cas se servir d'un réchaud. C'était d'une chaleur douce et naturelle qu'il avait besoin. Le savant eut alors l'idée d'attacher sous son aisselle les petits tubes où il faisait ses digestions, et dès ce moment il réussit à merveille. La viande hachée se digérait et se transformait en chyme dans l'étui de métal, aussi bien que dans le meilleur estomac...

Ne croyez pas d'ailleurs que l'abbé Spallanzani a peut-être pu se tromper. Depuis le temps où il vivait, d'autres savants ont répété cent fois ces digestions artificielles avec le même succès. Aujourd'hui même on les répète encore sur une plus grande échelle que ne le faisait Spallanzani. On prend le suc gastrique chez de pauvres chiens, et cela comme je vous le disais tout à l'heure, en pra-

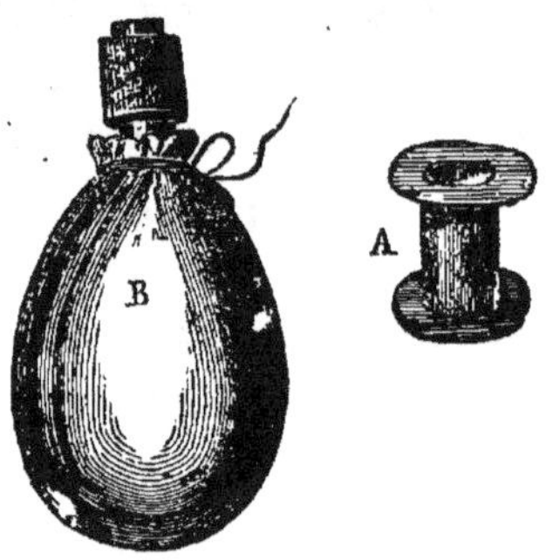

Fig. 6. — Appareil pour recueillir le suc gastrique[1].

tiquant une incision aux parois de l'estomac. On dispose dans la blessure un tube muni d'une bouteille en caoutchouc, et c'est dans ce récipient que se rend le liquide de l'estomac, au fur et à mesure qu'il est sécrété.

Les chiens, quand on ne les épuise pas trop, ne paraissent pas souffrir beaucoup de cette triste position ; ils pourraient même guérir facilement si,

[1] A. Tube que l'on introduit dans la plaie. — B. Bouteille en caoutchouc s'adaptant au tube.

l'expérience terminée, on leur rendait la liberté ;
mais, malheureusement, les physiologistes, sans
pitié comme les enfants, ne sont point satisfaits de
leurs joujoux tant qu'ils ne les ont point mutilés ou
brisés, pour savoir ce qu'ils avaient dans le ventre.

III.

Nous avons aujourd'hui un grand voyage à faire !
dit l'autre soir M. Molène, en commençant son récit.
Nous devons parcourir l'intestin d'un bout à l'autre,
et je vous avoue franchement que la promenade est
pénible, et parfois même désagréable.

— Oh ! oh ! la route ne serait-elle pas sûre ?...
s'écria M. Bardane.

— Ne craignez pas cela, reprit le docteur ; mais
attendez-vous à trouver les obstacles les plus rebu-
tants ; un chemin tortueux et sombre ; de l'encom-
brement, de la boue, des détritus de toute nature,
et souvent de mauvaises odeurs...

— Diantre, mais ! où nous conduisez-vous, docteur ?

— Je vous préviens qu'il faut du courage ! Avez-vous jamais visité les égoûts de Paris ? C'est dans un pays à peu près semblable que j'ai l'intention de vous mener. Si vous le voulez même, nous ferons le trajet à pied, comme des touristes, et nous marcherons ensemble dans le labyrinthe intestinal ?

— En avant ! répondirent les auditeurs.

— Eh bien, mes chers amis, rappelez-vous un moment l'illustre Pantagruel, qui possédait, au dire de Rabelais, une si grande bouche, qu'un brave homme cultivait dans une de ses dents creuses un vaste carré de choux...

— Ah ! oui !... je me souviens, fit l'instituteur.

— Supposez donc que nous sommes à la place de ce planteur de choux, et que nous avons résolu d'accomplir le voyage que je viens de vous proposer.

Après avoir fait nos préparatifs, chaussé de grandes bottes et allumé chacun une lanterne, nous voilà partis !....

— Pas à pas nous pénétrons dans le *pharynx* du géant, nous nous laissons glisser sur les parois humides de *l'œsophage*, comme si nous descendions dans un abîme, et nous traversons enfin l'immense caverne de l'estomac, en ouvrant nos parapluies pour ne pas être mouillés et digérés par le suc gastrique.

Nous voici parvenus à la porte de l'intestin, fermée, comme vous savez, par le vigilant pylore. Je vous ai dit avec quelle sévérité l'incorruptible concierge observe ses devoirs. Comment pourrons-nous passer? Comment forcerons-nous la consigne ?... Voilà l'embarras !...

— Justement, je n'ai pas sur moi mon passe-partout !... s'écria M. Bardane en se tâtant les poches...

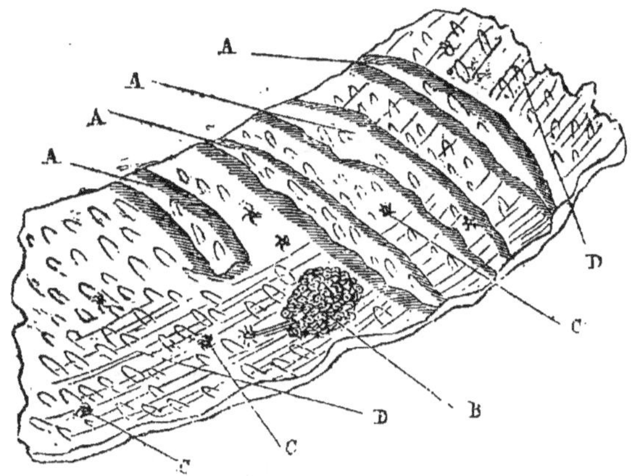

Fig. 7. — Lambeau d'intestin ouvert, pour montrer sa disposition intérieure [1].

On oublie toujours quelque chose quand on voyage !

— Hé mon Dieu ! votre passe-partout n'ouvrirait pas, monsieur Bardane ! Il faut employer la ruse, sans quoi nous risquons de demeurer dans ce maudit estomac, et je sens que ce diable de suc

[1] A. A. A. A. Replis de la muqueuse ou valvules conniventes. — B. Glande de Brünner, vue sous une déchirure de la muqueuse. — C. C. Orifice des glandes. — D. D. Villosités intestinales.

gastrique ramollit déjà le cuir de mes souliers...

— Fichtre ! comment faire, docteur ? nous n'avons pas une minute à perdre !...

— J'ai trouvé !... Le pylore laisse passer les corps gras sans digestion préalable... Déguisons-nous en corps gras, et nous passerons !...

— C'est une idée ! fit l'instituteur... Les athlètes se frottaient d'huile, nous n'avons qu'à les imiter...

— Très-bien ! reprit le docteur... Cela doit réussir à merveille... tenez !... voyez cette ouverture circulaire qui bâille, qui s'écarte, qui se dilate peu à peu...

Allons ! le pylore est franchi... les chemins sont ouverts !...

Voici l'intestin ! Il s'étend devant nous comme une sombre galerie... Avançons doucement... Sous nos pas nous trouvons d'énormes replis membraneux qu'il faut enjamber. Ce sont les *valvules conniventes*. Elles ont pour but d'empêcher la bile de refluer vers l'estomac et de ralentir la marche des aliments. Çà et là sur la muqueuse qui tapisse la paroi, voyez ces petites ouvertures béantes, à travers lesquelles suinte un liquide transparent... ce sont les *glandes de Brünner*, du nom de celui qui les a découvertes... Avançons... Ici l'intestin fait un coude, là-bas un autre. Cette première portion se nomme le *duodenum*.

Mais regardez cet énorme canal qui vient s'ouvrir

en cet endroit. A cette place la muqueuse est colorée
en jaune verdâtre... Qu'arrive-t-il donc par ce
conduit ?... C'est la *bile* et le *suc pancréatique*, ve-
nant, la première du foie, le deuxième d'une glande
voisine appelée le pancréas. Ces liquides émulsion-
nent les corps gras... Prenons garde !... l'huile qui
tout à l'heure nous a été si utile, pourrait bien nous
être funeste à présent.

Hâtons-nous de sortir de ce mauvais pas... Nous
voici dans la portion d'intestin nommé *jejunum*,
parce qu'elle est en effet presque toujours à jeun.
Les aliments ne font qu'y passer, ils n'y séjournent
jamais ; imitons-les, et parvenons à l'endroit qu'on
appelle l'*iléon*.

Ici, la coloration de la muqueuse n'est plus la
même ; au lieu d'être rosée ou verdâtre, elle
est d'un gris plus ou moins foncé. Les glandes de
Brünner ont disparu, mais elles sont remplacées par
ces larges plaques blanchâtres que vous apercevez
de distance en distance. Celles-ci se nomment
glandes ou *plaques de Peyer*, et, dans la fièvre typhoïde, elles sont saignantes et ulcérées.

C'est dans l'iléon que s'opère l'absorption des aliments, après qu'ils ont subi l'action de la bile, du
suc pancréatique et du liquide fourni par les glandes
de l'intestin. Arrivée à cet endroit, la bouillie alimentaire, dont une certaine quantité a été absorbée
chemin faisant, est composée de deux parties ; le

chyle, qui doit passer dans le sang ; et les matériaux inutiles, les résidus, qui se rendent dans le gros intestin pour être rejetés.

Si, durant le trajet que nous venons de faire, vous avez examiné soigneusement les parois de l'intestin, vous avez dû remarquer qu'elles sont tapissées d'une sorte de gazon épais. Chaque brin de ce gazon est une *villosité*.

Voilà un petit organe admirablement composé pour l'absorption de tous les principes alimentaires qui nous peuvent nourrir. A son centre se trouve une sorte de moelle spongieuse, autour de laquelle sont rangées de petites veines d'abord, et par-dessus ces dernières, d'autres vaisseaux qu'on appelle *chylifères*.

Ces veines et ces chylifères font l'office des extrémités des racines ou *radicelles* des plantes. Ce sont des suçoirs qui viennent prendre dans l'intestin les parties alimentaires nutritives, pour en faire le liquide rouge qui nous nourrit ; ce sont, à vrai dire, les sources du sang. Et dans cette absorption, comme ils savent choisir, chacun, ce qui lui convient !... Les veines s'emparent des *principes féculents*, pour les conduire au foie par l'intermédiaire de la grosse *veine-porte*, dans laquelle elles se jettent ; les *chylifères* prennent les matières grasses et tout ce que les veines oublient d'emporter.

L'absorption terminée, les matériaux inutiles pénètrent dans le gros intestin, en franchissant une deuxième porte, la *valvule de Bauhin*, qui ne s'ouvre que devant eux.

On l'appelait autrefois *barrière des apothicaires*, parce qu'elle arrêtait les médicaments administrés

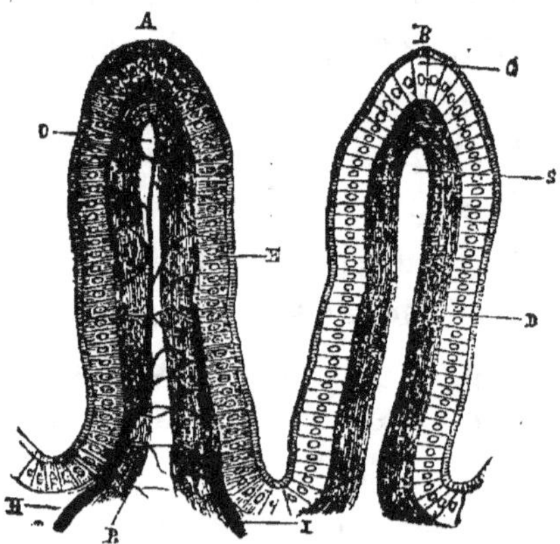

Fig. 8. — Villosités de l'intestin grêle, vues à un très-fort grossissement [1].

par ces messieurs, et, si nous dépassions nous-même cette barrière, vous trouveriez peut-être aussi, mes chers amis, que nous avons été trop loin !

Le gros rire du marguillier qui se tenait les côtes, les clignements d'yeux de l'instituteur et les hochements de tête bienveillants de M. Bardane, prou-

[1] A. Villosité intestinale pourvue de ses vaisseaux chylifères et sanguins. — B. Villosité dont les vaisseaux ont été enlevés. — C. E. Epithélium. — D. Substance spongieuse. — O. S. Vaisseaux chylifères occupant le centre de la villosité. — H. Artère. — I. Veine. — R. Vaisseaux capillaires.

vant au docteur que son allusion était parfaitement comprise, M. Molène suspendit un moment son discours.

Il le reprit bientôt, cependant, sur la question de M. Verdier, curieux de savoir où pouvait être passée, durant ce long voyage dans le tube intestinal, la mouillette imbibée de jaune d'œuf que M. Bardane

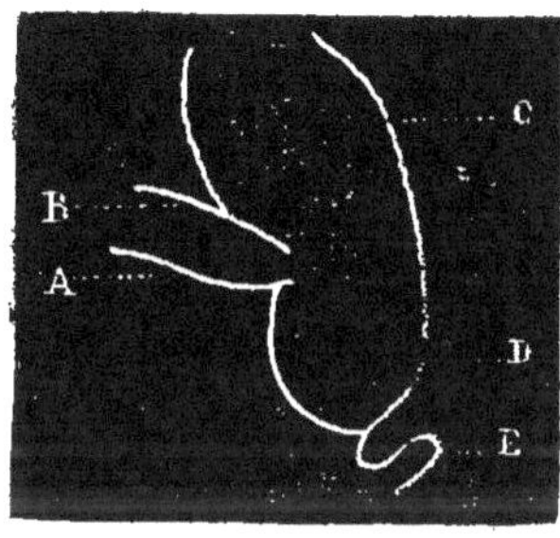

Fig. 9. — Coupe théorique de la valvule de Bauhin [1].

était censé avoir avalée au début de la dernière séance.

— Elle a mis du temps à descendre !... observa le bonhomme de Jouy-en-Josas.

— C'est vrai, reprit le docteur, mais aussi vous avez pu suivre pas à pas toutes ses transformations. Voyez un peu ce qu'elle est devenue ; complètement désorganisée et transformée en *chyle* dans l'intestin, elle a été pour ainsi dire divisée à l'in-

[1] A. B. Intestin grêle pénétrant dans le gros intestin et formant la valvule. — C. Gros intestin. — D. Cul-de-sac du cœcum. — E. Appendice iléo-cœcal.

fini, et tous ses éléments ont été séparés les uns des autres, pour être absorbés chacun de son côté. Le jaune d'œuf constitué par de la graisse a été enlevé par les *vaisseaux chylifères*, et tous les principes amylacés et farineux du pain ont été pris par les suçoirs de la *veine-porte*.

Nous voici donc bien embarrassés maintenant, si nous voulons la poursuivre davantage.

Faut-il rattrapper le morceau de pain qui file dans la veine, ou bien nous mettre aux trousses du jaune d'œuf qui circule dans les chylifères?...

Tâchons de leur tenir pied à tous les deux, si c'est possible.

Voici d'abord le jaune d'œuf; où va-t-il?

Après l'émulsion que lui fait subir la bile dans le *duodenum*, il parcourt, divisé en globules d'une extrême petitesse, les nombreuses sinuosités des vaisseaux qui le contiennent. Il marche vers un petit réservoir où viennent s'ouvrir la plupart des chylifères, et que l'on appelle la *citerne de Pecquet*.

Cette citerne, dans laquelle une mouche aurait peine à se noyer, est située sur la colonne vertébrale, derrière l'estomac. Elle se continue avec un canal nommé *canal thoracique*, qui monte le long des vertèbres jusqu'au niveau du cou, se recourbe en cet endroit comme une crosse d'évêque, et va déboucher dans la *veine cave supérieure*, qui passe auprès de lui, de la même façon qu'un ruisseau se jette dans une rivière.

Voilà donc notre jaune d'œuf dans le sang. Il n'est

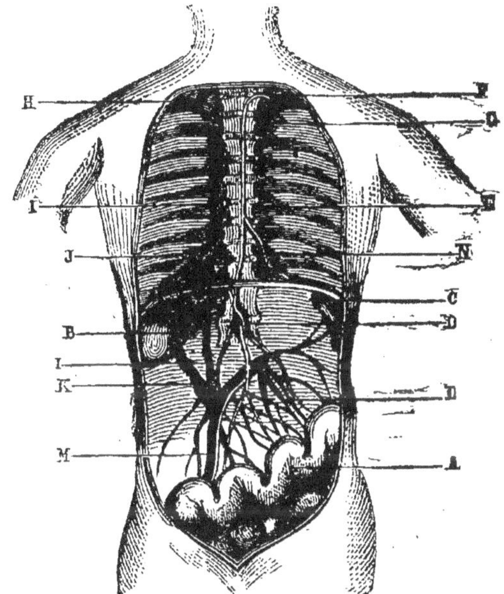

Fig. 10. — Vaisseaux absorbants de l'intestin [1].

pas encore au bout de ses peines, mais laissons-le pour quelque temps, et retournons bien vite rejoindre notre morceau de pain, qui doit avoir fait

[1]. A. Intestin. — B. Foie. — C. Rate. — D. Citerne de Pecquet. — E. Canal thoracique. — F. Crosse du canal thoracique. G. Veine-cave supérieure gauche. — H. Veine-cave supérieure droite. — I. I. M. Veine-cave inférieure. — J. Veines sus-hépatiques. — K. Veine-porte. — L. Vaisseaux absorbants : les blancs ou *chylifères* se jetant dans la citerne de Pecquet ; les noirs, ou veines intestinales, se rendant à la veine-porte. — N. Colonne vertébrale.

beaucoup de chemin depuis que nous l'avons quitté.

Le voici!... il était temps !... après avoir parcouru toute la veine-porte, il allait pénétrer dans cette énorme glande compacte et serrée, qui remplit tout le côté droit de l'abdomen, et qu'on appelle le foie...

— Je vous demande un peu, fit M. Bardane, ce qu'il peut aller chercher là...

— En effet, ajouta l'instituteur, pourquoi lorsque le jaune d'œuf et les corps gras s'en vont tout droit, comme des écoliers bien sages, se jeter dans le sang, pourquoi notre morceau de pain, et les aliments féculents, prennent-ils le chemin de traverse et vont-ils faire l'école buissonnière dans le foie ?...

— Monsieur ! répondit avec étonnement M. Bardane, il y a de ces secrets étranges dans la nature, dont l'homme n'aura jamais la clef...

— Eh ! mon Dieu, patience, monsieur Bardane, reprit le docteur, nous l'avons à notre disposition cette clef, et vous allez comprendre le mystère. Soyez heureux d'abord, et vous aussi, monsieur Verdier, que le morceau de pain fasse l'école buissonnière... Ne croyez pas qu'il aille perdre son temps dans le foie; au contraire, il s'y rend pour subir une nouvelle transformation, pour se changer en sucre !...

— Ah bah ?... firent les auditeurs stupéfaits.

— Eh oui. Le foie est une usine des plus complexes... C'est en même temps une fabrique de bile et une raffinerie.

— Voyez-moi un peu, si l'on sait jamais ce que l'on mange, répliqua M. Bardane ahuri. Justement on m'a servi ce matin à déjeuner du foie frit à la poêle ; et maintenant il se trouve que c'est une raffinerie et une fabrique de bile que j'ai avalées !....

— Gargantua n'eût pas mieux fait, répondit M. Verdier, mais je voudrais bien savoir pourquoi nous fabriquons du sucre ?...

— Pourquoi, reprit le docteur ; je vais en deux mots vous l'indiquer à présent, car nous aurons besoin de revenir bientôt sur ce sujet. Vous savez avec quelle facilité brûle le sucre, et quelle quantité de chaleur il donne en se consumant ; tous les chimistes, en effet, vous diront que le sucre ne diffère pas essentiellement de l'alcool. Les mêmes éléments entrent dans la composition de ces deux corps.

Eh bien, le sucre fabriqué par le foie, est enlevé de cet organe par les veines *sus-hépatiques* qui se jettent dans un tronc plus volumineux appelé la *veine-cave inférieure*. Celle-ci débouche dans le cœur, et le cœur lance dans le poumon le sang chargé de sucre, qui lui arrive du foie.

Dans les cellules du poumon ce sucre brûle, non pas avec flamme, comme dans un punch, mais pour ainsi dire, d'une manière latente, tout en dégageant beaucoup de chaleur.

Sa combustion favorise celle des matières grasses, qui viennent aussi brûler dans le poumon ; et ce sont toutes ces décompositions chimiques qui donnent à notre corps la bienfaisante chaleur qu'il possède.

Je dois vous dire, avant de terminer, que les aliments qui contiennent de l'amidon ne sont pas indispensables pour la fabrication du sucre.

Dans la raffinerie se trouve un ouvrier, découvert par M. Claude Bernard, qui fait marcher l'usine sans fécule et sans pain, et fabrique du sucre sur place, comme un autre fait de la bile. Cet ouvrier ne chôme jamais. C'est le maître-chauffeur de tout l'établissement, et si malheureusement il laissait manquer la machine de combustible, il arriverait un moment où elle ne fonctionnerait plus...

Vous avez entendu parler d'une maladie qu'on nomme le diabète. Elle consiste dans le passage dans l'urine, d'une partie du sucre qui devait brûler dans les poumons... Un grand nombre de médecins soupçonnent, à bon droit, le fabricant logé dans le foie, d'être pour quelque chose dans cette grave affaire.

Il est probable qu'il doit fournir de mauvaise marchandise, du sucre de qualité très-inférieure, et qui ne peut pas brûler...

Mais qu'y faire ? On ne peut pas envoyer la police saisir le coupable ; il faut avoir recours au méde-cin et celui-ci ne prescrit souvent que de légers

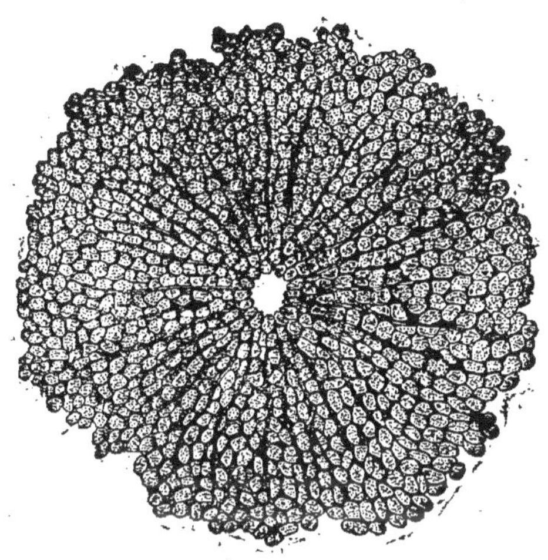

Fig. 11. — Structure du foie.

remèdes, parce qu'il sait que beaucoup de médica-ments sont d'hypocrites gendarmes, qui prennent quelquefois le parti du malfaiteur.

IV.

Mes chers amis, fit M. Molène en reprenant la semaine suivante le cours de ses leçons, vous savez à présent comment les produits de la digestion se mêlent au sang pour nourrir nos organes. Les uns sont versés, comme je vous l'ai dit, par le *canal thoracique*, dans la *veine-cave supérieure*, les autres sont absorbés directement par la *veine-porte* qui les transmet par l'intermédiaire du foie, à la *veine-cave inférieure*.

Voilà donc que nous faisons la connaissance d'un monde nouveau. Nous pénétrons par ces deux veines-caves dans le *système circulatoire*, et nous avons affaire à présent à un personnage d'une importance extrême, au factotum de l'économie, à celui qui nourrit tout, qui passe partout, qui fait tout marcher, tout fonctionner, et qui distribue à chacun des autres ouvriers qu'il a sous sa direction, les divers matériaux dont ils ont besoin pour le travail qu'ils accomplissent.

Ce grand personnage, je l'ai nommé tout à l'heure, c'est le SANG.

Si je vous demandais quelques renseignements sur ce grand seigneur-là, vous me diriez que c'est un liquide rouge, et ce serait à peu près tout. Vous ne vous figurez pas de quelle façon il est composé. Mais songez un instant au rôle immense qu'il remplit, et vous verrez que, pour répondre à tous les besoins, il doit contenir en lui les substances les plus variées. Il y en a tant, en effet, que je ne m'amuserai pas à vous les énumérer. Je vous dirai seulement que le sang renferme de l'eau, de la fibrine, de l'albumine, des substances minérales telles que du sel, du phosphate de soude, du carbonate de chaux ; des gaz, etc., etc.

C'est lui qui s'imprègne des miasmes et des virus qui engendrent les maladies et qui les distribue dans toutes les parties du corps. Il agit de même avec les médicaments, les poisons, et toutes les substances que les vaisseaux absorbants puisent dans l'intestin.

— Et qu'arriverait-il, monsieur le docteur, demanda M. Bardane, si le sang manquait d'une

de ces parties constituantes que vous venez d'énumérer ?

— Ce serait la cause d'une maladie dangereuse.
Ainsi, quand la partie aqueuse ou *serum* du sang
disparaît, qu'elle se sépare des matériaux solides,
et qu'elle est évacuée par l'intestin ou par d'atroces
vomissements, qu'arrive-t-il ? Vous le devinez sans
peine. Le sang épaissi, semblable à de la gelée de
groseilles, ne peut plus circuler ; il engorge les
vaisseaux, les empâte, ne transporte plus la chaleur
et la vie sur tous les points du corps, se solidifie
pour ainsi dire dans tous les organes ; et ceux-ci
s'arrêtent comme la roue du moulin quand le ruisseau qui la fait tourner s'endort sous la glace.

Alors le corps se refroidit peu à peu ; des taches bleues se montrent aux endroits où le sang
stagne sous la peau ; les viscères s'engorgent...
vous êtes en présence d'une maladie affreuse.... *le
choléra...*

Au contraire, si la *fibrine* du sang fait défaut, le
liquide n'est plus assez épais ; il devient trop fluide,
et filtre à travers les vaisseaux qui doivent le contenir. Alors se produisent d'abondantes hémorrha-
gies comme on n'en observe que trop souvent dans
la *fièvre typhoïde.*

Supposez à présent le sang privé de ses substances
minérales, des phosphates et des carbonates, par
exemple, qui servent à la fabrication des os, il se

manifeste une maladie bien cruelle, le *rachitisme*, qui n'est dû qu'à l'absence des matériaux solides dans le tissu osseux.

— Monsieur le doctéur, interrompit M. Bardane, si vous continuez de la sorte, vous allez me faire mourir de peur.

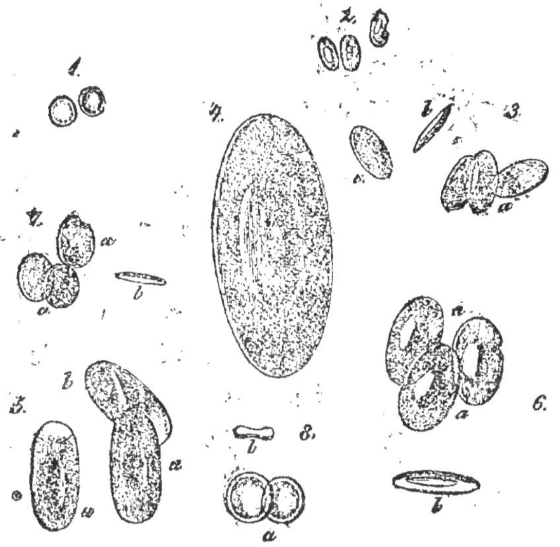

Fig. 12. — Les globules du sang ₁.

— Eh bien, je m'arrête pour vous reparler du bon sang, du sang généreux, de celui qui donne à la fois la vie et la santé.

La plupart des matières contenues dans le sang y sont à l'état de dissolution dans l'eau. On ne peut

₁ 1. Globules du sang de l'homme. — 2. 3. Globules des oiseaux. — 4. 5. 6. 7. 8. Globules des reptiles et poissons.

pas les distinguer en regardant le sang au microscope ; mais à l'aide de cet instrument, on voit que la partie rouge du liquide, celle qui forme le caillot quand on laisse le sang se coaguler à l'air, est formée par une infinité de petits corps arrondis en forme de lentilles, que l'on appelle les *globules du sang.*

Ah ! voilà des particuliers qui sont utiles, les globules ! On en voit des milliers dans une goutte de sang, mais, malgré leur petitesse, ils nous rendent de fameux services. Ce sont eux qui constituent, à vrai dire, ce que les anciens appelaient la *chair coulante*, qui alimente nos organes et nourrit nos tissus.

Ces corpuscules sont très-souvent empilés comme des pièces de monnaie, et l'on peut bien dire qu'ils sont en effet la richesse du sang. Moins celui-ci possède de cette monnaie-là, plus il est pauvre ; et quoique, ici comme ailleurs, pauvreté ne soit pas vice, elle ne laisse pas cependant que d'être un fléau.

Voici pourtant que nous connaissons assez intimement monseigneur le sang. Nous pouvons même nous permettre désormais d'être moins minutieux à son égard. Nous négligerons un peu son *sérum*, et nous l'étudierons dans son ensemble, en le considérant comme un riche personnage qui, dans son gousset, possède des globules en guise d'écus.

Nous verrons que son rôle est extrêmement important ; qu'il passe et repasse cent fois le jour par le même chemin, qu'il est toujours par monts et par vaux, et que sans cesse il va et vient de tous les points du corps, à son administration centrale qui s'appelle le *cœur*.

Cet organe est situé, comme vous savez, dans la poitrine, entre les deux poumons, au-dessus d'un

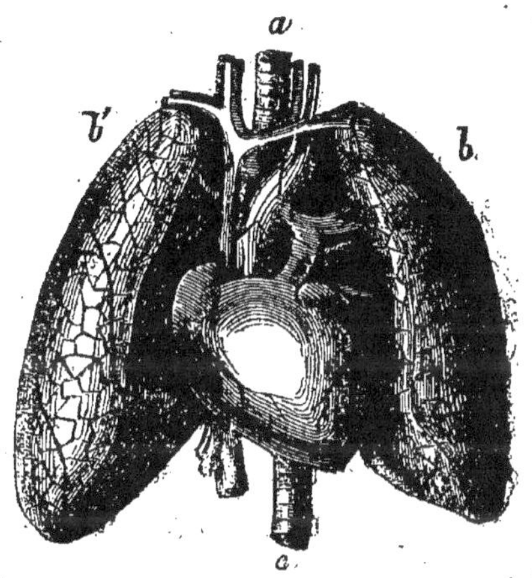

Fig. 13. — Le cœur et les poumons [1].

grand muscle plat nommé le *diaphragme*, qui forme une cloison à peu près horizontale, entre les poumons et l'estomac.

Ainsi placé au premier rang du corps humain, tandis que l'estomac, l'intestin, le foie, la rate, etc., sont logés à l'entre-sol, le cœur est le viscère le plus noble de l'économie.

[1] *a*. Trachée-artère. — *b*. Poumon gauche. — *b'*. Poumon droit. — *c*. Aorte.

Il est vrai de dire, pourtant, qu'il a un peu usurpé, au détriment du cerveau, ses titres de noblesse.

On a fait du cœur le siége de l'amour, du courage, du dévouement, de la bonté, de plusieurs qualités enfin qui n'ont jamais eu rien de commun avec cet organe, et chaque jour encore on le confond avec l'estomac, quand on dit, par exemple, durant une digestion pénible : *J'ai mal au cœur.*

— Eh mais, interrompit M. Verdier, à quoi nous sert donc ce viscère, s'il ne remplit pas le rôle que nous lui connaissions ?

— Il fait bien plus de travail que vous ne pensez, reprit M. Molène. Le cœur est, pour ainsi dire, la maison, la résidence centrale du sang ; il reçoit le sang fatigué qui revient de faire sa tournée dans l'économie ; il l'envoie au poumon chargé de le régénérer, comme on envoie un malade à la campagne pour qu'il reprenne des forces ; il le reçoit encore quand il est redevenu jeune et vigoureux, et l'expédie enfin dans toutes les parties du corps.

— En voilà une besogne ! ... fit M. Bardane. Alors, jour et nuit, ce pauvre cœur prend d'une main et donne de l'autre, sans s'arrêter jamais, exactement comme le font les maçons qui montent des briques. Il faut être drôlement bâti pour faire ce métier-là.

— Vous avez raison, monsieur Bardane, il faut être non pas drôlement, mais admirablement bâti ;

et si vous voulez me prêter toute votre attention, je
tâcherai de vous décrire la structure si compliquée
du cœur, de façon à vous la faire comprendre.

Vous connaissez la forme du cœur? Cet organe ressemble à peu près aux figures rouges qui portent le
même nom, dans les cartes à jouer. Tracez au milieu d'une de ces figures une croix verticale ; vous

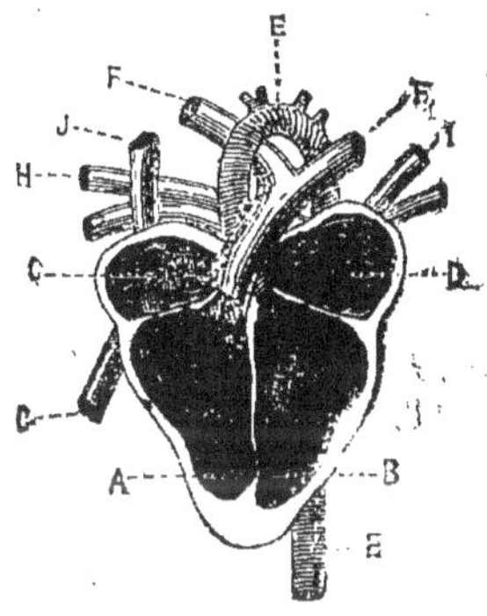

Fig. 14. — Structure du cœur [1].

obtiendrez un cœur divisé en quatre compartiments qui vous représentera plus exactement encore
le cœur de l'homme.

Le viscère en question est en effet partagé en
quatre chambres, dont deux supérieures et deux
inférieures. Les premières s'appellent les *oreillettes* ; les secondes portent le nom de *ventricules*.

---

[1] A. Ventricule droit. — B. Ventricule gauche. — C. Oreil-
lette droite. — D. Oreillette gauche. — E. E. Aorte. —
F. F. Artères pulmonaires. — G. Veine-cave inférieure. —
H. I. Veines pulmonaires. — J. Veine-cave supérieure.

Les oreillettes reçoivent le sang qui vient au cœur; elles sont pour ainsi dire *le côté de l'arrivée*; les ventricules se remplissent du sang que leur transmettent les oreillettes, et le lancent dans les vaisseaux : *côté du départ.*

Vous devez concevoir encore qu'on peut envisager dans le cœur deux chambres droites, et deux chambres gauches ; c'est-à-dire une oreillette et un ventricule de chaque côté.

Cette distinction est très-importante, car c'est dans les cavités droites que circule le sang fatigué, le *sang veineux* comme on l'appelle, parce qu'il arrive au cœur par les veines ; tandis que les cavités gauches ne servent qu'au sang régénéré, *au sang artériel*, qui est lancé dans les artères.

— Ah ! mon Dieu, interrompit M. Martin, nous avons donc en nous du sang de deux qualités ?...

— Eh oui, vous allez comprendre comment.

Le sang artériel, celui qui, après être revenu du poumon, part du ventricule gauche, est un sang très-rouge, et très-riche en globules. Il se rend, la bourse bien garnie, dans toutes les parties du corps. Il nourrit ici un petit coin qui souffrait ; là, il bouche une petite lacune ; plus loin il réconforte quelque chose qui faiblissait ; et à mesure qu'il répare, il enlève aussi les vieux matériaux qui ne valent plus rien ; il emporte toutes les choses usées et délabrées, pour les refondre et les utiliser de nouveau, si c'est possible ; enfin, comme beaucoup de petits ouvriers, il *fait le vieux et le neuf.*

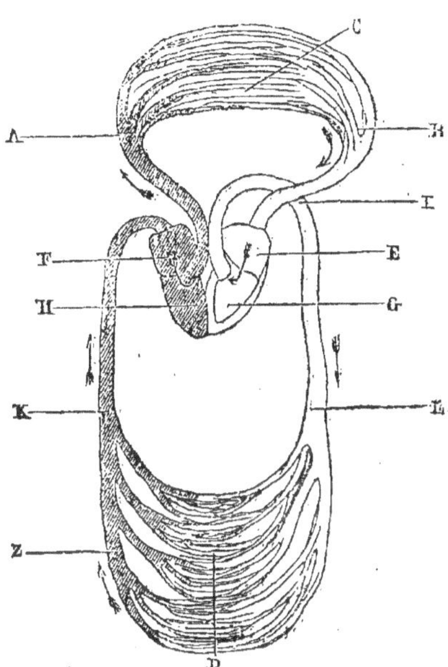

Fig. 15. — Théorie de la circulation [1].

— Même les raccommodages! exclama M. Bardane ahuri.

— Même les raccommodages ; mais vous devinez bien que tout ce travail ne s'accomplit pas sans

[1] A. Circulation du sang veineux par l'artère pulmonaire. — B. Retour du sang dans l'oreillette gauche. — C. Capillaires du poumon, où le sang veineux se transforme en sang artériel. — E. Oreillette gauche. — F. Oreillette droite. — G. Ventricule gauche. — H. Ventricule droit. — L. L. Aorte distribuant par ses ramifications le sang artériel dans toutes les parties du corps. — K. I. Veine-cave ramenant à l'oreillette droite le sang veineux. — D. Capillaires artériels et veineux.

argent et sans fatigue. Les globules étant, comme
je vous l'ai dit, la monnaie du sang, restent à la bataille, la teinte vermeille disparaît, les vieux matériaux et les détritus que le sang emporte, le noircis-
sent et l'épaississent ; et le bonhomme perd peu à
peu toutes ses qualités. Alors, comme il n'a rien de
mieux à faire, il prend le parti de retourner vers
le cœur qui l'enverra se régénérer dans le poumon, et pour cela il passe tranquillement dans les
veines qui le déchargeront dans l'oreillette droite ;
il devient *sang veineux,* de sang artériel qu'il était.

Vous pouvez comprendre à présent la différence
frappante qui existe entre ces deux ordres de vaisseaux *artères* et *veines.* Les artères prennent le sang
du cœur et le transportent sur tous les points de
l'économie ; les veines prennent le sang sur tous les
points de l'économie, et le ramènent au cœur. Les
unes dispersent, les autres rassemblent.

Maintenant que toutes ces particularités vous sont
connues, vous concevrez sans peine le jeu du cœur ;
et peut-être y verrez-vous quelque analogie avec la
charge en douze temps…. Suivez-moi bien :

Les veines-caves, dont nous avons parlé, s'ouvrent dans l'oreillette droite ; elles y versent le sang
veineux.

L'oreillette pleine de sang se contracte, c'est-à-dire
qu'elle se rapetisse et presse sur le liquide qu'elle
contient.

Qu'arrive-t-il alors ?... Une porte nommée *valvule tricuspide* s'ouvre tout à coup, et le sang de l'oreillette droite tombe dans le ventricule droit.

Celui-ci se contracte ; la porte se referme pour empêcher le sang de retourner dans l'oreillette ; mais le chemin du poumon s'ouvre ; c'est l'*artère pulmonaire*. Le sang veineux, poussé comme par le piston d'une pompe, s'y précipite et va se distribuer aux deux poumons.

Dans ces organes, le sang en présence de l'air se régénère et se purifie ; il redevient sang artériel ; sa teinte rouge reparaît ; il reprend toutes les qualités qu'il avait perdues.

Les veines pulmonaires l'enlèvent et vont le verser dans l'oreillette gauche. Celle-ci se contracte à son tour comme sa voisine l'a fait tout à l'heure ; une autre porte, la *valvule mitrale,* s'ouvre ; le sang artériel emplit le ventricule gauche.

La contraction accomplie à droite se répète ici ; le sang refoulé presse sur la porte qui se referme, et la grosse *artère aorte* s'ouvre toute grande, pour recevoir le liquide nourricier qui part pour son grand voyage...

Nous ne le suivrons pas aujourd'hui dans ses lointaines pérégrinations ; mais jeudi prochain nous étudierons cet autre point de son histoire, et je compte bien que d'ici là, mes chers amis, vous ne vous ferez pas de mauvais sang.

V.

Une porte à trois battants. — Les valvules de l'aorte. — Quatre
vingt-six mille battements en 24 heures. — Gonds rouillés
et portes branlantes. — Un buvard. — Bruits de mauvaise
augure. — Tic-tac. — Pulsation et recul.

Si vous vous souvenez de ce que je vous ai dit
dans notre dernier entretien, fit M. Molène, en
s'asseyant, au milieu de ses amis, il ne vous sera
pas difficile de vous transporter par la pensée
dans le ventricule gauche du cœur ?...

— Parbleu ! répondit M. Bardane, c'est dans cette
chambre-là que le sang, régénéré par l'air des poumons, se rend avec toutes ses munitions pour accomplir son long voyage.

— Parfaitement, de même que lorsque vous avez
fait vos provisions à Paris, vous retournez prendre à
la gare le train qui doit vous ramener chez vous...

Voilà donc le sang prêt à partir. Attention.

La porte de communication avec l'oreillette gauche
est hermétiquement fermée ; le portail à trois bat-

tants qui ferme l'orifice de la grosse artère aorte va s'ouvrir...

Le ventricule se contracte et presse sur le sang ; les portes aortiques, violemment poussées par l'effort du liquide, vont battre contre les parois du vaisseau, et la colonne liquide se précipite dans l'artère comme le flot des voyageurs envahit le quai de départ au sortir de la salle d'attente.

Le sang est lancé dans l'aorte ; les trois battants qui ferment ce vaisseau, nommés, pour le dire en passant, *valvules sigmoïdes*, retombent immédiatement et s'opposent au retour du liquide dans la cavité qu'il vient de quitter.

Une fois la porte franchie, il faut partir quand même. Le sang aurait oublié sa valise dans le ventricule qu'il lui serait impossible d'aller la chercher.

Les valvules de l'aorte sont un chef-d'œuvre de délicatesse et de solidité. Elles n'ont pas plus d'épaisseur qu'une feuille de papier, et le travail qu'elles accomplissent est considérable. Il n'est point de portes battantes, dans aucun établissement public, qui s'ouvrent et se ferment aussi souvent que ces pauvres valvules.

Tâtez votre pouls : à chaque pulsation correspondent une ouverture et une clôture des portes aortiques. S'il bat, terme moyen, 60 fois par minute, vous trouverez que ces portes vont et viennent, en vingt-quatre heures, environ quatre-vingt-six-mille fois, ce qui doit prouver, je pense, l'excellente qualité de leurs gonds.

L'artère pulmonaire qui part du ventricule droit pour se rendre au poumon présente aussi à son orifice des valvules semblables à celles de l'aorte.

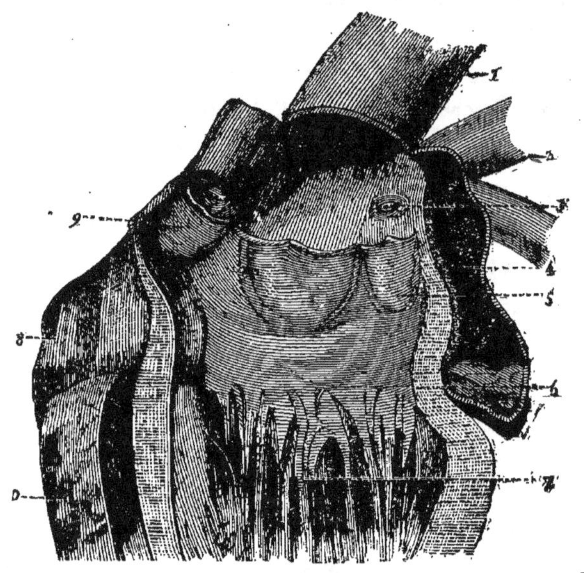

Fig. 16. — Les valvules sigmoïdes de l'aorte [1].

— Mais mon Dieu !... s'écria le marguillier, comment donc ces portes peuvent-elles y résister !... Je me rappelle avoir vu poser, étant tout petit, le grand portail de l'église et déjà ses planches ver-

[1] 1. Aorte coupée transversalement. — 2. Veine pulmonaire. — 3. Orifice d'une artère nourricière du cœur. — 4. Intérieur de l'oreillette. — 5. Valvule sigmoïde. — 6. Entrée du ventricule. — 7. Piliers du ventricule. — 8. Paroi de l'oreillette. — 9. Valvule sigmoïde. — 10. Paroi du ventricule.

moulues et disjointes menacent à chaque instant de se séparer.

— Et pourtant notez bien, fit observer l'instituteur, que vous n'ouvrez et fermez l'église qu'une fois par jour.

— Je dois vous dire, reprit M. Molène, que les portes du cœur, celles qui séparent les oreillettes des ventricules, aussi bien que celles dont nous venons d'étudier le jeu, se détériorent et s'usent quelquefois. La circulation est alors troublée, comme vous le devinez sans doute, et le pauvre diable chez lequel ces accidents se produisent est atteint d'une maladie du cœur.

Il arrive, par exemple, que les battants des portes aortiques s'épaississent, se durcissent, se contractent et se ratatinent au point de ne plus clore que très-imparfaitement l'entrée du vaisseau. Le sang lancé dans l'aorte retourne alors en grande partie dans le ventricule, au lieu de suivre le droit chemin, et le cœur s'épuise en vains efforts pour chasser ce voyageur récalcitrant et lui fermer la porte au nez.

Les médecins appellent cette maladie l'*insuffisance des valvules*, et quoiqu'elle soit assez fréquente, elle n'est malheureusement pas la seule qui puisse affecter le cœur. D'autres fois, en effet, au lieu de la porte qui reste en bon état, c'est le chambranle qui se rétrécit jusqu'à réduire en un canal étroit et tortueux l'orifice large et nettement arrondi des gros vaisseaux. Pour vaincre ce rétrécissement et forcer le sang à passer au travers, le cœur doit plus que jamais redoubler d'efforts et d'activité.

Ce n'est qu'au prix d'un travail énergique qu'il pourra sauver la maison en péril; mais, par une cruelle fatalité, ce travail lui-même est la source d'une prochaine catastrophe.

Le cœur, étant un muscle creux, possède comme tous les muscles la propriété d'augmenter considérablement de volume par l'exercice. Le surcroît de travail qu'il accomplit, multiplie donc peu à peu ses forces, développe outre mesure ses fibres musculaires, augmente ses proportions et détermine enfin une *hypertrophie* tout aussi dangereuse qu'une insuffisance ou un rétrécissement.

— Et comment le médecin peut-il s'apercevoir de cela? demanda M. Bardane. On dit qu'il est si difficile de savoir ce qui se passe dans le cœur humain...

— Ce n'est pas aussi difficile qu'on le dit, monsieur Bardane, reprit le docteur en souriant. Nous avons d'abord le *pouls*, ce petit bavard, qui nous rapporte exactement ce qui se passe au siége de l'administration. Ensuite, en appliquant l'oreille sur la poitrine du malade, en l'auscultant, comme nous disons habituellement, nous entendons des bruits anormaux qui masquent plus ou moins le tic-tac

4

régulier qu'on perçoit avec facilité quand le cœur n'est atteint d'aucune lésion.

— Vraiment ! fit le marguillier, l'on entend du bruit dans le cœur ?

— Parbleu ! répondit le médecin, quoi d'étonnant à cela ? Chez vous, monsieur Martin, quand votre ménage ne marche pas à votre guise, ne faites-vous pas aussi un peu de bruit?... Si votre femme ne laisse pas assez cuire son pot-au-feu ou qu'elle oublie de mettre des fines herbes dans l'omelette, ne vous fâchez-vous point ?...

— C'est vrai, je ferais des bassesses pour l'omelette aux fines herbes...

— Eh bien ! le cœur, voyant que son ménage ne marche pas, se fâche, se plaint, murmure comme vous. Tantôt, quand il projette le sang avec une sorte de colère contre la porte qui ne veut pas se refermer, il produit un *souffle* bruyant qui rappelle le sifflement du vent à travers les fentes d'une porte. D'autres fois ce sont des grincements, des frottements, des bruits analogues à ceux de la râpe, de la lime ou de la scie, et quand le médecin les entend, il sait parfaitement où se trouve le mal et quel doit être le remède.

— Il faut convenir, ajouta M. Bardane, que les médecins entendent quelquefois de bizarres conversations !...

— Sans doute observa M Verdier, mais ces bruits

sinistres n'ont assurément lieu que dans un cœur bien malade, et le docteur ne nous dit point comment se produit le tic-tac régulier qui se fait entendre chez les gens bien portants?

— Vous avez raison, reprit M. Molène, c'est une explication que je dois, vous allez l'avoir.

Quand on applique l'oreille sur la région du cœur, on entend deux bruits sourds, que nous traduisons par *tic-tac*, et qui sont séparés naturellement l'un de l'autre par un *petit-silence*.

Voici comment ils se manifestent :

Le premier bruit, le *tic*, est occasionné par la clôture brusque des portes qui font communiquer les oreillettes avec les ventricules du cœur, lorsque ceux-ci se contractent pour chasser le sang dans l'artère pulmonaire et dans l'aorte.

Vous savez, en effet, qu'il est absolument indispensable que le sang ne remonte pas, en ce moment, dans les oreillettes qu'il vient de quitter. Voilà pourquoi les portes de communication se referment, et comment elles produisent ce premier bruit : *tic*...

Passons au second, à celui que nous représentons par le mot *tac*... Il est séparé du *tic*, avons-nous dit, par un *petit silence*. La durée de cet intervalle est très-faible, comme vous pouvez en juger en écoutant les battements du cœur ; eh bien ! pendant ce temps, les ventricules qui viennent de se contracter se dilatent... Ils reçoivent des oreillettes un autre flot de sang qui les remplit de nouveau, et c'est au moment où ils vont se contracter de rechef, que le *tac* se produit...

— Ah bah!... interrompit M. Bardane... Comment ça, s'il vous plaît?...

— Voici comment... répondit le docteur. Vous vous rappelez les portes à trois battants qui ferment l'artère pulmonaire et l'aorte?...

— Parfaitement... celles qui empêchent le sang de retourner dans le ventricule, n'est-ce pas?...

— Vous y êtes... C'est précisément lorsqu'elles se referment brusquement derrière le flot de sang qui vient de sortir, qu'elles produisent le *tac*, c'est-à-dire le deuxième bruit du cœur.

— Ah! bon... Et après le *tac*, le *tic* va se faire entendre de nouveau, parbleu?...

— Tic... tac!... tic... tac!... tic tac!... et toujours comme ça, fit le marguillier. C'est comme quand je sonne les cloches... *ding-don! ding-don! ding-don!*... Moi je fais plus de bruit, voilà toute la différence...

— Oui, reprit le docteur ; mais avant que le tic frappe de nouveau l'oreille, il s'écoule un deuxième repos, un peu plus long que celui qui existe entre le tic et le tac, et qu'on nomme le *grand silence*. C'est pendant ce temps que les oreillettes se dilatent, et se remplissent: la droite de sang veineux; la gauche, de sang artériel.

— Ah! très-bien, continua l'instituteur; quand les oreillettes sont pleines, elles se vident dans les ventricules, et quand ceux-ci se contractent, le tic-tac se fait entendre comme vous l'avez dit tout à l'heure...

— C'est cela même. Vous connaissez maintenant sur le bout du doigt la théorie des bruits du cœur et les fonctions de ce viscère si parfaitement organisé pour recevoir et lancer le liquide nourricier de nos tissus.

Il me reste à vous dire à présent comment se produisent les battements du cœur.

Pour cela, il est indispensable que vous ayez bien présentes à l'esprit la forme et la direction de l'aorte. Cette artère, vous le savez, se recourbe à la sortie du cœur de manière à imiter une crosse d'évêque, et les anatomistes appellent précisément *crosse de l'aorte* la portion cintrée de ce vaisseau.

Eh bien, lorsque le ventricule se contracte, le sang est projeté avec une grande force dans l'aorte ouverte devant lui. L'impulsion qu'il reçoit est tellement violente, qu'au lieu de filer doucement le long de la courbure de l'artère, le flot de sang heurte la la paroi concave du vaisseau, qui réagit contre lui et le repousse. Sans les portes à trois battants qui se referment derrière lui à l'entrée de l'aorte, il

4.

retomberait alors dans la cavité ventriculaire ; mais son mouvement de recul étant arrêté par les portes aortiques, celles-ci communiquent le choc qu'elles reçoivent à toute la masse du cœur.

Cette poussée énergique précipite le cœur en avant ; c'est un battement qui s'accomplit.

Il se passe ici quelque chose d'analogue à ce que l'on observe dans le recul d'une arme à feu lorsqu'on la décharge. Le cœur frappe la paroi intérieure de la poitrine comme la crosse du fusil frappe l'épaule ; il bat parce qu'il recule.

Voilà l'histoire du cœur terminée. Rappelez-vous que le sang, en quittant cet organe, heurte violemment la courbure de l'aorte, et que celle-ci tend à le repousser dans le cœur. J'appellerai prochainement votre attention sur ce point du vaisseau qui reçoit à chaque contraction ventriculaire le choc du sang ; et je vous ferai comprendre alors comment peut se produire cette dangereuse maladie que l'on appelle un *anévrisme.*

VI.

Comme M. Molène s'asseyait ce soir là pour reprendre sa causerie habituelle, il aperçut M. Bardane qui, gravement assis au coin de la cheminée, comptait avec anxiété les battements de son pouls.

— Quelque chose vous préoccupe, monsieur Bardane ? lui demanda le docteur.

— Ah ! je crois bien : figurez-vous que je suis venu de Jouy-en-Josas en comptant comme ça mes pulsations tout le long du chemin... C'est une occupation... Et je ne suis pas fâché de savoir comment les choses marchent chez moi... Je suis content... je bats mes soixante-cinq, soixante-six petites pulsations par minute... bien régulièrement... Et je me dis : allons, allons !... tant que ça va comme ça, petit bonhomme vit encore...

— Ah ! mon Dieu ! est-il possible ! s'écria le marguillier ; tenez, père Bardane, vous vous occupez trop de votre machine !... Les causeries de M. Molène, produisent sur vous trop d'effet... Dans six mois vous allez vous croire atteint de toutes les maladies du monde...

— Laissez-moi donc tranquille! monsieur Martin, riposta M. Bardane... La santé est le plus précieux de tous les biens, et je veille sur la mienne avec une constante sollicitude... Libre à vous d'exposer la vôtre comme il vous plaira...

La discussion se serait indéfiniment prolongée si le docteur n'eût pris la parole.

— Il est vrai, dit-il, qu'il faut veiller sur sa santé, non pas d'une manière exagérée, sans doute, mais il est prudent d'y prendre garde quelquefois. Ce que je vous dis ici ne doit point frapper votre esprit au point de vous effrayer.

Rousseau disait que l'on tremblerait de faire un pas si l'on connaissait la délicate structure du cœur ; mais la nature qui nous a bâtis est une ouvrière dont les moindres travaux sont précisément les plus admirables ; aussi devons-nous avoir toute confiance en elle. Toujours elle veille à notre conservation, et jusque dans les plus graves maladies on retrouve sa main bienfaisante qui vient au secours de l'organe qui souffre.

Vous allez en avoir un exemple dans l'histoire de l'*anévrisme*, que je dois vous raconter aujourd'hui.

Il faut que je vous dise, avant tout, que l'aorte, le gros vaisseau qui se détache du ventricule gauche du cœur, ainsi que toutes les *artères*, qui ne sont d'ailleurs que les ramifications du tronc aortique, sont des vaissaux formés de trois tubes *entrés l'un dans l'autre*.

Ces trois tubes ou *tuniques* adhèrent entre eux d'une façon très-intime, et il serait difficile de les séparer sur un vaisseau à l'état sain.

Mais quand un anévrisme se produit, la tunique la plus intérieure craque et se fendille. Le sang s'insinue peu à peu par la fissure qui vient de se former ; il pénètre sous la tunique du milieu et la décolle lentement en s'interposant entre elle et la tunique intérieure.

A chaque instant, à chaque flot de sang qui parcourt l'artère, la fissure s'agrandit, une quantité plus considérable de sang s'y introduit, la tunique intérieure se sépare de plus en plus des deux autres...

Celles-ci, soulevées par la poussée du liquide, se distendent, se gonflent comme le fait un ballon de caoutchouc dans lequel on souffle avec force, et vous devez comprendre qu'en se détachant et se boursoufflant ainsi, elles s'amincissent d'une manière considérable...

—Ah, diable!... s'écria M. Bardane, je vois ce qui arrive !... n'allez pas plus loin !... Quand elles se sont bien distendues, bien amincies... bien enflées, comme la grenouille de la fable, elles crèvent tout à coup...

— Justement... Et le sang s'échappe à grands flots de l'artère ouverte !... c'est la mort...

Mais la nature fait tous ses efforts pour retarder autant que possible cette fatale rupture... Sur les parois amincies de l'artère, elle applique des caillots de sang qui fortifient tous les points en danger : elle travaille sans cesse à prévenir la brèche qui tend chaque jour à se produire, et bien souvent elle est assez forte pour vaincre la maladie, au grand étonnement du médecin lui-même...

— Sapristi !... fit le marguillier, il faut pourtant qu'il soit bien fort et bien pressé, le sang, pour faire de pareils dégâts sur son passage...

— Surtout au moment où il s'échappe du cœur pour aller heurter la courbure de l'aorte, reprit le docteur.

Aussi est-ce en cet endroit que l'on observe le plus grand nombre d'anévrismes. Cela n'a rien d'étonnant, d'ailleurs, quand on songe à la violente impulsion que reçoit le sang quand il est chassé hors du ventricule.

On a calculé que la force que dépense celui-ci, quand il se contracte, suffirait à élever un poids de

400 grammes à un mètre de hauteur. A chaque impulsion, 175 grammes de sang environ sont lancés dans l'aorte, et la vitesse du liquide est telle, qu'il parcourt *quarante centimètres* par seconde à sa sortie du cœur.

— Quarante centimètres! interrompit M. Verdier: en vérité j'admire cette précision, et je me demande par quels moyens les savants ont pu mesurer ainsi la vitesse du sang ?

— C'est, en effet, difficile à comprendre, ajouta M. Bardane. Que l'on apprécie la vitesse d'un cheval de course, ou bien celle d'un boulet de canon, cela se conçoit ! J'ai beau me creuser la tête, je ne trouve pas...

— Laissez-donc ! fit le marguillier... Moi, je ne sais pas non plus comment ça peut se faire, mais je gagerais que c'est simple comme bonjour... Les savants ont le diable au corps pour trouver ces choses-là...

— En effet, répondit M. Molène, le procédé pour mesurer la vitesse du sang est très-simple ; j'ajouterai qu'il est même très-précis.

Je ne vous parlerai pas de quelques appareils nommés *hémodromomètres* qui ont été inventés dans ce but ; je veux vous dire seulement par quelle expérience physiologique on arrive à connaître en combien de temps le sang fait le tour du corps entier.

Vous verrez qu'il ne s'amuse pas en route.

Pour faire cette expérience, il faut avoir un cheval à sa disposition.

— Pauvre bête!... fit M. Bardane.

— Il est vrai, reprit le docteur, que la science est souvent bien cruelle dans ses investigations ; mais cette fois je n'ai pas à dérouler à vos yeux un tableau trop horrible.

L'expérimentateur fait sur un des côtés du cou du cheval une légère incision, il découvre ainsi une grosse veine appelée la *jugulaire*, et quand il a terminé d'un côté, il répète de l'autre la même opération.

Il prend alors une petite seringue pleine d'une dissolution de *ferro-cyanure de potassium*, et perce de la pointe du bistouri une des deux veines jugulaires. Un jet de sang jaillit ; mais l'opérateur introduisant aussitôt le bout de la seringue dans la plaie, injecte doucement dans le vaisseau la solution de ferro-cyanure. Cette substance, dépourvue d'ailleurs de toute action malfaisante, descend dans la veine jugulaire ; l'opérateur ferme la blessure qu'il a faite, et il ouvre rapidement la jugulaire du côté opposé. Le sang qui s'en échappe est reçu successivement dans douze petits verres qui mettent chacun environ *trois secondes* à se remplir.

Après cette saignée, l'incision faite à la deuxième

jugulaire est soigneusement refermée, et l'on rend le pauvre cheval à la liberté.

— Il aurait peut-être droit à un picotin d'avoine, murmura M. Verdier.

— C'est vrai, reprit le docteur, mais le savant n'y songe probablement pas... il est absorbé par son expérience. Il va découvrir ce qu'il voulait savoir...

Le ferro-cyanure, ramené par les veines après avoir fait le tour du corps, doit se retrouver dans l'un des petits verres dont le remplissage a duré en tout trente-six secondes...

— Comment ! s'écria M. Bardane, le sang ne mettrait que trente-six secondes à faire le tour du corps ?...

— Il met bien moins de temps, continua M. Molène, car c'est dans le neuvième verre, c'est-à-dire après la vingt-quatrième seconde, que l'on trouve le ferro-cyanure. Et notez encore que nous parlons ici de la circulation chez le cheval ; on trouverait bien chez l'homme deux secondes de moins !...

— C'est prodigieux ! s'écria M. Bardane enthousiasmé.

— Bah ! reprit le docteur, notre sang est un paresseux à côté de celui de certains animaux. Notre pouls marque par minute de soixante-cinq à soixante-dix pulsations ; savez-vous combien de fois bat celui de l'écureuil dans le même temps ?

— Non...

— Trois cent vingt fois !... et chez ce petit animal la durée moyenne d'une révolution sanguine est de quatre secondes...

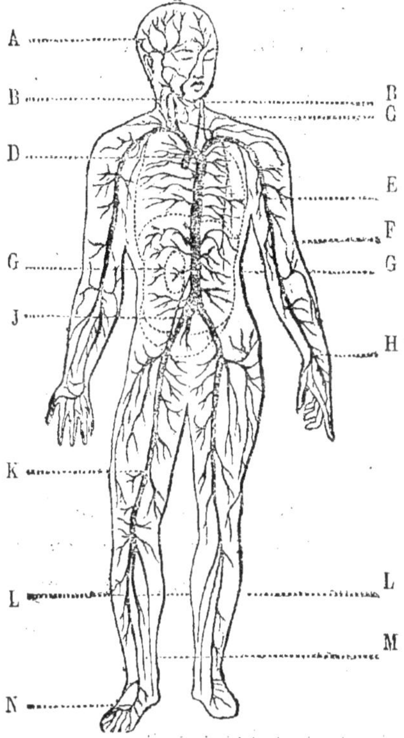

Fig 17. — Le système artériel [1].

Le pouls du corbeau bat deux cent quatre-vingts

[1] A. Artère temporale. — B. B. Artères carotides. — C. Artère carotide primitive. — D. Crosse de l'aorte. — E. Artères intercostales. — F. Artère humérale. — G. G. Artères rénales. — H. Artère radiale. — J. Artère iliaque. — K. Artère fémorale. — L. M. Artères tibiales. N. Artère pédieuse.

fois par minute, et chez lui le sang, en six secondes,
a fait le tour du corps !...

— Quels singuliers calculs ! fit l'instituteur.

— On en a fait bien d'autres !... On sait combien il passe de grammes de sang à travers un ki-
logramme de chair en une minute !...

— Ah ! mon Dieu ! soupira M. Bardane. Et combien s'il vous plaît ?

— Deux cents grammes environ chez l'homme,
près de six cents chez le lapin.

— Eh mais, demanda l'instituteur, quelle est
donc la quantité de sang contenue dans toute la
masse du corps, et comment a-t-on pu la mesurer ?

— Le procédé pour la mesurer est sinistre, répondit M. Molène. On pèse pour cela un condamné à
mort quelque temps avant l'exécution. Le couperet
tranche les artères carotides et les veines jugulaires;
une épouvantable hémorrhagie se fait par ces vaisseaux béants... Presque tout le sang contenu dans le
corps s'écoule par l'horrible plaie... Il en sort trois
ou quatre kilogrammes... On pèse alors le tronc et la
tête ; la différence entre cette pesée et la première
représente le poids exact du sang répandu. Comme
il en reste encore dans les vaisseaux, on les fait
traverser par un courant d'eau distillée, jusqu'à ce
que celle-ci revienne sans la moindre coloration. On
évapore le liquide obtenu, et l'on apprécie facile-

ment la quantité du sang à laquelle le résidu correspond.

— Voilà une vilaine besogne, répondit le marguillier.

— Surtout pour celui qui fait les frais de l'expérience, ajouta l'instituteur.

Après avoir été nuisible pendant sa vie, il nous rend à sa mort un petit service, reprit le docteur. Beaucoup d'autres meurent dont on ne peut pas dire tant de bien. L'expérience que je viens de vous raconter démontre que les vaisseaux d'un homme pesant soixante-cinq kilogrammes contiennent environ cinq kilogrammes de sang. Il est vrai que l'expérience n'a été faite que sur des criminels ; mais la quantité du liquide nourricier n'a pas le moindre rapport avec les bons et les mauvais sentiments. M. Bardane n'en possède peut-être pas dix grammes de plus que le dernier des scélérats !... et M. Bardane est pourtant le plus honnête homme du monde.

VII.

Le jeudi suivant, la séance fut orageuse chez
M. Molène. Le docteur voulut détruire, par une
explication anatomique, un préjugé qui, depuis bien
longtemps, est en train de courir le monde, et la
plupart des auditeurs poussèrent les hauts cris.

L'extraction d'une erreur est parfois aussi douloureuse que celle d'une mauvaise dent.

M. Molène commença ainsi :

— Nous terminerons aujourd'hui l'histoire de la
circulation du sang par l'étude des veines et des
vaisseaux *capillaires*.

Les veines, comme je vous l'ai déjà dit, ont la
mission de ramener dans les cavités droites du cœur
le sang que les artères ont dispersé dans tout le
corps. Cette besogne-là n'est pas petite ; le cœur est
pour le sang ce qu'est la pension pour l'écolier.

Il s'en échappe tout joyeux, en bondissant et courant à toutes jambes; il y retourne avec une mine piteuse, en maugréant et se faisant tirer l'oreille. Pour un rien il reculerait, ce paresseux; mais la nature, qui connaît son humeur, le surveille et le serre de près. A l'intérieur des veines elle a placé comme aux portes du cœur, des *valvules* qui présentent ici la forme de petits replis saillants,

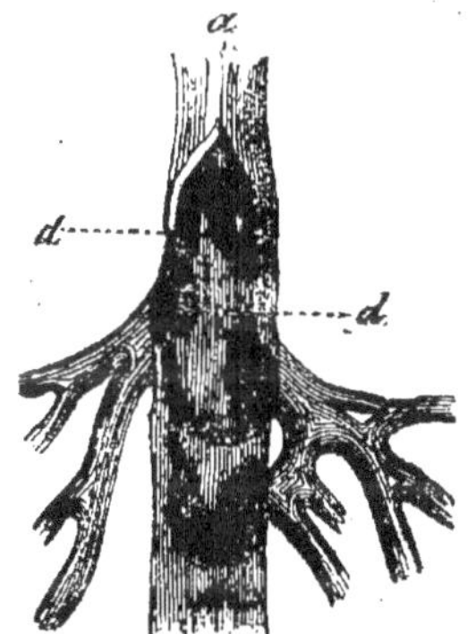

Fig. 18. — Veine ouverte [1].

sur lesquels le sang se hisse peu à peu comme sur des échelons, et qui l'empêchent de retourner en arrière quand il les a dépassés.

Aussi, lorsque vous aurez la fantaisie d'arrêter en route le sang qui retourne au cœur, sachez bien que rien n'est plus facile, et que le sang lui-même ne demande pas mieux. Faites simplement une

[1] *a*. Calibre de la veine. — *d. d.* Valvules et orifices des divisions veineuses.

ligature médiocrement serrée autour d'un membre
et vous verrez ce qui se produira. Attachez, par
exemple, votre bras au dessus du coude, comme
cela se pratique pour la *saignée* : immédiatement
les veines de la main et de l'avant bras grossiront

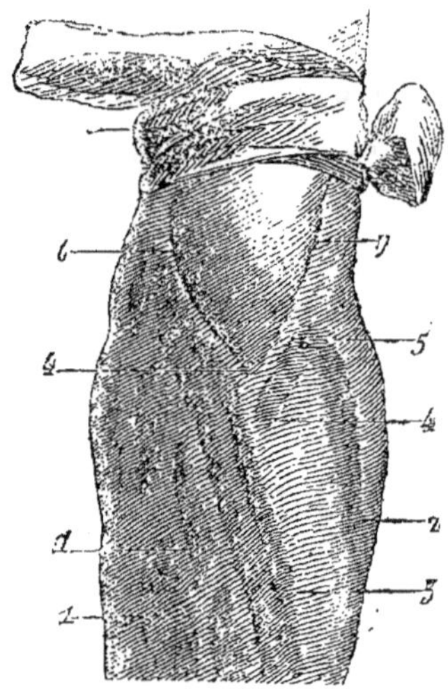

Fig. 19. — La saignée du bras **1**.

d'une manière considérable, parce que la circulation
veineuse sera interrompue.

— Parbleu ! fit M. Bardane, c'est aussi simple que
ce qui se passe dans un canal quand on ferme les
écluses...

---

1 1. Veines cubitales. — 2. Veine radiale. — 3. Veine médiane. — 4. Médiane basilique. — 5. Médiane céphalique
(Veine de la saignée). — 6. Veine basilique. — 7. Veine céphalique.

— La même chose... continua le docteur ; mais vous allez voir les conséquences que peut avoir cette gêne de la circulation...

— Je les vois bien !... Le sang gonfle de plus en plus les veines dans lesquelles il s'accumule, il les dilate et doit finir par les faire crever...

— Elles ne crèvent qu'à la longue, parce qu'elles sont très-élastiques ; mais elle se dilatent démesurément, et quand elles sont ainsi dilatées, elles constituent ce que l'on appelle des *varices*.

— Oh ! je sais !... interrompit le marguillier, une maladie contre laquelle on fait porter des bas sur mesure?... J'ai vu ça dans les journaux !..,

— Précisément ; les varices ne sont pas autre chose qu'une dilatation des veines. On les observe ordinairement à la jambe, parce que le sang y marche plus lentement que partout ailleurs. Les jarretières qui serrent trop, en occasionnent quelquefois ; mais elles se forment surtout chez les personnes qui se tiennent debout trop longtemps.

Voilà pourquoi, ajouta l'instituteur, les Orientaux disent sagement : « *Il vaut mieux être assis que debout, couché qu'assis !* »

— C'est, en effet, un précepte qui peut convenir à tous ceux que cette infirmité menace, reprit le docteur ; mais puisque nous avons entamé cette question, nous y reviendrons tout-à-l'heure, à propos des vaisseaux *capillaires*.

On donne ce nom (du mot latin *capillus*, cheveu) aux ramifications les plus ténues des artères et des veines. Les capillaires sont formés par les extrémités fines et déliées de ces deux ordres de vaisseaux, qui communiquent ainsi les uns avec les autres. Supposez un réseau à mailles aussi serrées que possible, et composé de fils de soie ; il sera très-grossier comparativement à celui que forment

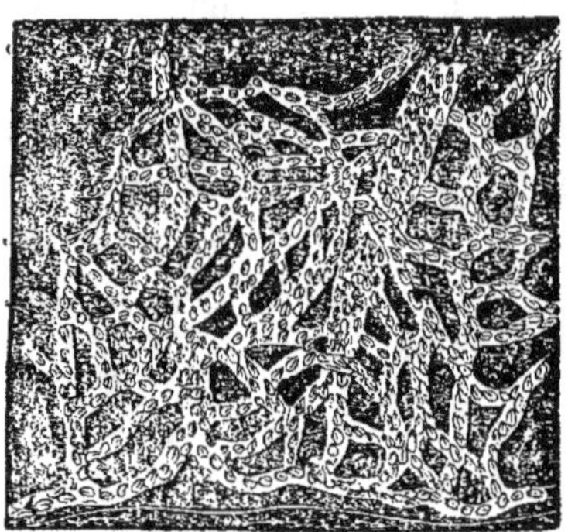

Fig. 20. — Réseau capillaire [1].

les capillaires en s'entremêlant dans nos organes. En quelque endroit du corps que vous fassiez une piqûre, il sort toujours du sang ; parce que nulle part vous ne pouvez enfoncer la pointe d'une aiguille sans pénétrer dans un vaisseau capillaire.

Le réseau vasculaire, placé sous la peau, la double dans toute son étendue. C'est une sorte de cotte de

[1] A. Artère. — V. Veine. — Les flèches indiquent le sens du courant.

mailles qui revêt le corps tout entier, et qui, dispersant partout le sang d'une manière uniforme, donne par transparence, à la peau, la teinte rosée qu'elle présente. Mais il faut pour cela bien entendu, que les mailles qui renferment le sang aient toutes, à peu près, les mêmes dimensions ; car si quelques-unes d'entre elles étaient plus grosses, elles contiendraient trop de liquide et l'on verrait alors une *tache rouge* dans la peau...

— Eh ! mon Dieu, fit M. Bardane, il y des gens qui ont de ces taches rouges...

— Et vous savez ajouta le marguillier, — qu'elles ont été causées par les *envies* de leur mère...

— Point du tout ! voilà l'erreur ! s'écria M. Molène. Qu'un enfant naisse difforme ou rachitique, vous ne l'attribuez pas à une *envie;* eh bien la tache de naissance que nous appelons une *tumeur érectile* n'est pas autre chose qu'un vice de conformation semblable à toute autre monstruosité. Elle est formée par une dilatation exagérée des vaisseaux capillaires, et voilà pourquoi elle augmente toujours de volume lorsque le sang y afflue...

— Cependant, s'écria M. Bardane en faisant la moue, je connais un homme qui est marqué d'un poisson sur la poitrine...

— Et moi, ajouta le marguillier, un enfant qui a des taches de vin sur les bras... j'en sais un autre qui a une groseille sur le front...

— Je connais aussi un homme, dit à son tour l'instituteur, qui porte au milieu de l'échine une tasse de café, y compris la soucoupe et la petite cuillère...

Tout cela est absurde, continua le docteur. On voit dans ces taches, comme dans les nuages, toutes les formes que l'on veut. Mais tenez ! raisonnez un

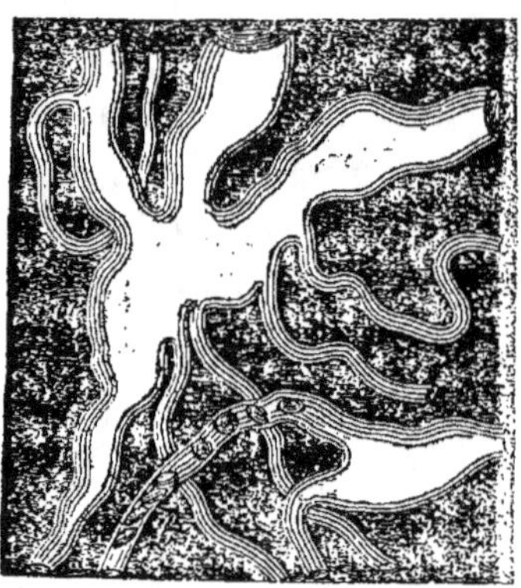

Fig. 21. — Tumeur érectile (*envie ou tache de naissance*), formée par la dilatation exagérée de vaisseaux capillaires, et vue à un fort grossissement.

instant. Si l'imagination de la mère avait une telle influence sur l'enfant qu'elle porte dans son sein, pas un nouveau né ne serait bien conformé. Toutes les femmes, lorsqu'elles se sentent mères, ont des idées extravagantes. La plupart craignent pendant des mois entiers de donner le jour à un monstre, et tout au contraire l'enfant qu'elles mettent au monde est des plus charmants.

— Hum ! hum ! reprit M. Bardane, je veux bien vous croire, mais comment m'expliquerez-vous alors les taches brunes, les écailles, et les touffes de poil de lièvre, qu'on observe chez quelques personnes ?...

— Absolument de la même manière. Elles sont causées par des dérangements survenus pendant la nutrition du fœtus. Ce sont des fautes, des contre-sens, commis par la nature dans un moment de distraction ; car, quel est l'ouvrier qui n'en commet pas ?...

Mais croyez bien que la mère n'a point sur son enfant le pouvoir que vous lui supposez. Songez à tous les malheurs, à tous les accidents qui se produiraient, s'il en était ainsi !...

— Et pourtant, répliqua le marguillier, tout le monde n'est pas de votre avis, tant s'en faut !...

— Que voulez-vous !... Les erreurs, malheureusement, ont des racines qu'il n'est pas facile d'extirper. Depuis bien longtemps les médecins et les savants ont essayé de détruire les plus grossiers de ces préjugés, et bien souvent ils n'ont pu y parvenir. Moi-même puis-je me vanter de vous avoir convaincus aujourd'hui ?... J'en doute. La vérité, comme le disait Fontenelle, est un coin qu'il faut enfoncer par le gros bout.

VIII.

— Nous voici parvenus enfin, mes chers amis,
après un long voyage à travers l'estomac, l'intestin, le cœur et les vaisseaux de l'homme, à la porte
d'un organe bien curieux encore à connaître, je
veux dire le poumon.

Mais, avant de continuer notre route, arrêtons-
nous un instant pour prendre de nouvelles forces,
et laissez-moi vous remercier de la bienveillante
attention que vous avez bien voulu jusqu'à présent
apporter à mes causeries.

Ce préambule flatteur, par lequel M. Molène com-
mençait sa huitième causerie fit naître un léger
sourire sur les lèvres de ses auditeurs, mais sans
attendre que le moindre compliment lui fût re-
tourné, le docteur poursuivit en ces termes :

— Il faut bien avouer que la tâche que nous avons entreprise est également pénible pour vous et pour moi.

Je vous promène dans le dédale obscur de l'organisation humaine ; je vous fais passer par des chemins raboteux et semés d'obstacles ; je vous parle un langage tout hérissé de grec et de latin ; j'étale à vos yeux nos infirmités, nos plaies et nos misères ; et cependant vous ne reculez pas.

Votre courage, mes chers amis, relève le mien ; j'oublie aisément ma peine et mes fatigues si j'ai le bonheur de vous intéresser, et je trouve dans votre approbation ma plus précieuse récompense...

Je n'ai pourtant pas la fatuité de croire que vous avez toujours goûté mes modestes leçons.

Les bâillements de quelques-uns d'entre vous m'ont souvent prouvé le contraire ; mais, dans ces pénibles circonstances, le bienveillant sourire de quelques autres n'a cessé de me soutenir.

Les études, qu'il nous reste à faire, vous paraîtront moins difficiles peut-être, grâce à ce que vous savez déjà de notre organisation.

Le poumon complète l'œuvre de l'estomac et du cœur ; c'est le fourneau de la machine humaine ; les aliments y subissent leur dernière transformation ; et c'est là que viennent se brûler tous les matériaux destinés à chauffer l'économie.

Mais pour qu'une combustion quelconque puisse avoir lieu, la présence de l'air est indispensable ; et vous savez que le feu ne brûle jamais mieux que lorsque vous projetez sur lui de l'air au moyen d'un soufflet...

— C'est la vérité, murmura M. Bardane.

— Eh bien, les poumons fonctionnent exactement comme un soufflet. Respirez fort, et suivez bien ce qui se passe : à mesure que vous aspirez, votre poitrine se dilate, vous sentez ses parois se soulever, et même, si vous vous efforcez un peu, vous éprouvez une gêne assez considérable ; vos poumons sont gonflés et distendus, le soufflet est rempli...

Chassez maintenant cette grande quantité d'air que vous venez d'aspirer ; vous sentez votre poitrine s'abaisser et revenir sur elle-même, et vos poumons pressés par ses parois, comme le soufflet par ses deux planchettes, se vident peu à peu de l'air qu'ils contenaient.

Le muscle diaphragme, qui forme une cloison horizontale au-dessous des poumons, et dont je vous ai parlé à propos du cœur, joue un grand rôle dans l'acte de la respiration.

Dans le premier mouvement, *l'inspiration*, il s'abaisse pour augmenter la capacité de la poitrine. Dans le second, *l'expiration,* il se relève, et presse fortement sur la base des poumons, pour contribuer puissamment à l'expulsion de l'air.

Voilà pour ce qui regarde le *corps* du soufflet. Le *tuyau* se compose des *fosses nasales*, du *larynx*, dont vous pouvez sentir facilement la saillie sous la peau du cou, et de la *trachée-artère*. Celle-ci descend derrière l'os de la poitrine, se place entre les deux poumons, et se divise en deux tuyaux secondaires appelés *bronches*, se rendant l'un au poumon gauche, l'autre au poumon droit...

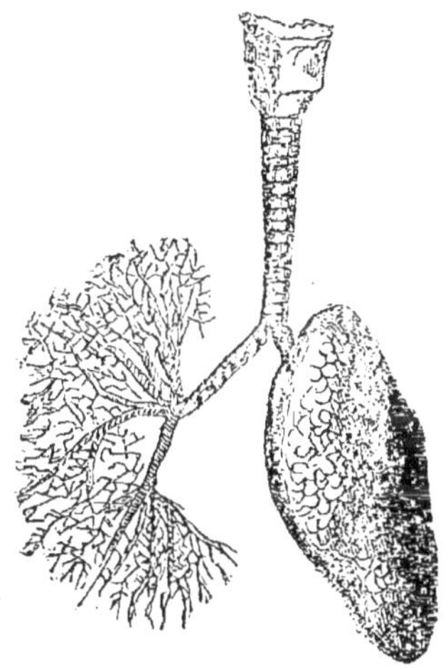

Fig. 22. — Le larynx, la trachée, le poumon gauche, et les ramifications des bronches dans le poumon droit.

A présent que vous connaissez la maison, nous allons, si vous le voulez bien, examiner un peu les personnages qui la fréquentent. D'un côté, nous trouvons le sang veineux, qui s'y rend par l'artère pulmonaire ; de l'autre, nous voyons arriver l'air

qui vient du dehors par les fosses nasales, le larynx
et la trachée.

Déjà, sans doute, vous pouvez prévoir une rencontre, et vous avez raison. Dans les innombrables
cellules du poumon, l'air et le sang vont au devant
l'un de l'autre, et celui-ci se régénère aux dépens
de celui-là.

Un phénomène surprenant s'accomplit alors. Le
sang veineux, épais et noir à son arrivée dans les
vésicules pulmonaires, se trouve tout à coup fluide
et vermeil, et l'air constitué tout à l'heure par un
mélange d'oxygène et d'azote est complètement dé-
composé à sa sortie.

L'azote seul reparaît, entraînant à sa suite de l'a-
cide carbonique et de la vapeur d'eau ; l'oxygène a
disparu...

Que s'est-il donc passé ?...

— Je me le demande ? fit l'instituteur.

— Eh bien, reprit M. Molène, pour le savoir, rappelez-vous simplement ce que vous savez déjà. Et
d'abord, examinons le sang veineux : vous vous
souvenez d'où il vient, n'est-ce pas ?

— Certainement, répondit M. Bardane, il vient
de tous les points du corps, il charrie tout ce qui
est inutile à nos tissus, et il transporte dans le poumon les principes alimentaires que les veines ont
puisé dans l'intestin.

— Vous parlez comme un livre, monsieur Bar-

dane !... et puisque vous avez si bonne mémoire,
vous vous souvenez sans doute aussi de la composition chimique des aliments ?

— Ma foi !... je vous dirai, sans trop avoir peur
de me tromper, qu'ils contiennent de l'hydrogène,
du carbone, de l'azote, du... de...

— N'importe !... en voilà bien assez. Les trois
éléments que vous venez de nommer sont les
seuls importants du côté du sang veineux.
Voyons à présent du côté de l'air à qui nous avons
affaire.

— Parbleu, dit le marguillier, je suis aussi fort
que M. Bardane : l'air est composé d'oxygène et
d'azote... vous nous l'avez dit tantôt...

— Vous avez du moins le mérite de l'avoir retenu ; mais voilà notre monde au complet : hydrogène, carbone, oxygène, azote du sang et azote de
l'air. La comédie va se jouer entre ces cinq personnages.

L'azote contenu dans le sang est, à vrai dire, le
plus utile de tous ces acteurs ; car c'est lui qui
nous alimente et qui sert presque exclusivement à
la nutrition de nos organes. Aussi nomme-t-on
aliments plastiques ceux qui contiennent de l'azote, et la *viande* est le premier de ces aliments.

Pourtant le rôle que joue l'azote dans l'acte de
la respiration est tout à fait insignifiant. Il reste
coi dans le sang veineux et ne travaille que plus

tard, lorsque les artères l'ont transporté dans nos tissus.

Les aliments qui renferment de l'hydrogène et du carbone, tels que l'eau, le pain, les légumes, le sucre, l'alcool, la graisse, etc., sont destinés, au contraire, à ne point dépasser le poumon ; et c'est ici, M. Bardane, que nous retrouvons réduite à ses principes chimiques, cette excellente mouillette dont nous avons suivi les divers éléments à travers les chylifères, le foie, la veine-cave, le cœur, l'artère pulmonaire enfin, qui les a jetés dans la fournaise, où, moins l'azote, ils doivent être consumés pour engendrer la chaleur nécessaire à notre organisation.

A ce titre ils sont bien le bois et le charbon dont on chauffe la machine, et le nom d'*aliments respiratoires* leur convient parfaitement.

Voilà donc en présence l'hydrogène et le carbone, deux combustibles de premier ordre, et l'oxygène un incendiaire sans pareil.

— Ah ! mon Dieu ! ça va donc s'allumer !... cria M. Bardane.

— Non !... il ne se produit dans cette combustion ni feu, ni flamme. L'hydrogène et le carbone brûlent, mais à l'état latent. La chaleur seule se manifeste sans émission de lumière et sans fumée.

En cette circonstance, l'oxygène se partage entre l'hydrogène, le carbone et le sang veineux. Celui-ci purifié par la combustion même, puisqu'elle le débarrasse des éléments qui le rendaient impropre à la nutrition, devient sang artériel, et va porter dans nos organes la chaleur et la vie.

La portion d'oxygène, combinée avec l'hydrogène, forme de l'*eau* qui s'échappe en vapeur.

La portion d'oxygène unie au carbone forme de l'*acide carbonique* qui s'enfuit avec l'eau pendant l'expiration.

Quant à l'azote de l'air, il joue l'humble rôle de

Fig. 23. — Cellules pulmonaires.

confident ; il accompagne l'oxygène dans le poumon, sert peut-être de témoin à son triple mariage, et sort tranquillement comme il est entré.

En définitive, le phénomène de la respiration consiste en ceci :

Mariage de l'oxygène de l'air avec l'hydrogène et le carbone du sang veineux ; Production de chaleur ; Transformation du sang veineux en sang artériel.

Ce marivaudage, bien moins compliqué d'ailleurs que le dénoûment d'un gros mélodrame, vous explique une foule d'autres mystères.

Vous pouvez comprendre à présent ce qui se passe dans cet accident terrible que l'on appelle l'*asphyxie*.

Qu'elle soit déterminée par une cause mécanique, par la submersion, ou bien par l'introduction dans les voies respiratoires d'un gaz autre que l'oxygène, l'asphyxie se produit toujours quand le sang veineux n'est pas régénéré, c'est-à-dire quand il est forcé de garder en lui son hydrogène et son carbone, faute d'oxygène pour les brûler.

Mais rien n'est plus impropre à la nutrition que le sang veineux. Quelques médecins le regardent comme un véritable poison ; et vous savez en effet avec quelle rapidité se produit l'asphyxie, chez les malheureux qui se noient, ou qui se donnent la mort au moyen de l'acide carbonique.

Vous comprenez aussi pourquoi les peuples des pays froids, les Lapons, par exemple, se nourrissent presque exclusivement d'huiles, de graisses et de boissons alcooliques. C'est que, pour résister à la basse température au milieu de laquelle ils sont plongés, ils ont besoin de produire beaucoup de chaleur. Or, les corps gras et l'alcool sont très-riches en carbone et en hydrogène. Ils en fournissent de très-grandes quantités à l'oxygène qui vient les brûler dans le poumon, et je n'ai pas besoin de vous dire que plus on met de bois dans le feu, mieux on se chauffe.

Mais ce qui est utile dans les pays froids devient nuisible dans les climats chauds et tempérés. Les gens qui boivent de l'eau-de-vie et j'en connais plus d'un, mettent trop de combustible dans leur poêle. Il font de leurs poumons une véritable fournaise et finissent par être victimes de très-graves accidents…

Ici le marguillier regarda le docteur de travers et fit une grimace, s'imaginant que c'était à lui que ce discours s'adressait ; mais M. Molène, tout à son entretien, se contenta de lui jeter un coup d'œil furtif, et reprenant d'un peu plus haut le cours de son sujet :

— Si les habitants des pays froids doivent absorber plus de combustible que ceux des pays chauds, continua-t-il, on voit en revanche, sous des climats tempérés comme le nôtre, bien des personnes prendre chaque jour assez d'aliments gras pour chauffer leur poêle jusqu'au rouge blanc, si tout l'hydrogène et le carbone, que ces aliments fournissent, se consumaient dans leurs poumons.

Heureusement la nature a pitié de ces goulus, et sans qu'ils s'en aperçoivent, elle détourne sagement une partie du bois et du charbon qu'ils s'ingurgitent à tort et à travers.

— Ah. bah !... interrompit M. Bardane, nous avons donc quelque part un grenier où elle entasse tout ce que nous ne brûlons pas ?...

— Eh oui... je vois même le vôtre d'ici, monsieur Bardane, et certes il est assez respectable déjà.... C'est ce bon gros ventre si replet et si rebondi, sur lequel vous croisez vos mains avec étonnement.

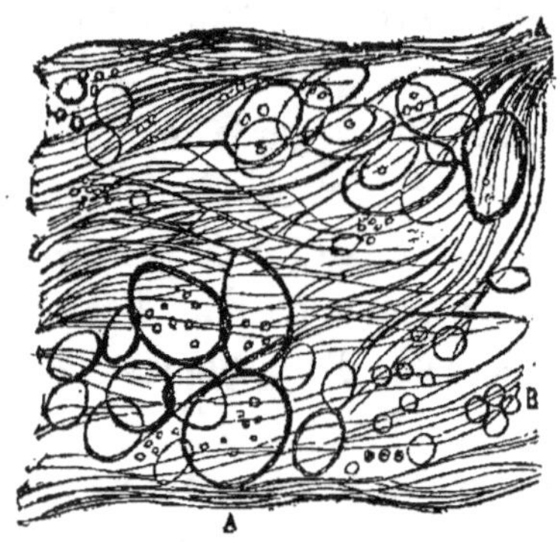

Fig. 24. — Tissu graisseux vu au microscope.

— Tiens !... tiens !... je ne m'en doutais guère, répondit le bonhomme de Jouy-en-Josas.

— Le fait est, ajouta le marguillier, que vous avez un bon bedon, père Bardane...

— Après tout, ce n'est que de la graisse, monsieur, répliqua le ventru avec une certaine aigreur.

— En effet, reprit le docteur, ce n'est que de la graisse. Elle est formée en partie par l'hydrogène et le carbone qui n'ont pas brûlé dans vos poumons, et comme en définitive personne ne jette jamais le bois par les fenêtres, le sang, quoique embarrassé de ce surcroît de combustible, l'a placé sous la peau de votre abdomen, pour s'en servir au besoin.

Il ne faut pas trop faire fi de la graisse, après tout. En tèmps de disette, ou bien durant le cours d'une maladie qui vous empêche de manger, le sang va prendre dans le grenier l'hydrogène et le carbone qu'il ne reçoit plus régulièrement, et vous pouvez ainsi vivre très-longtemps sur les économies qu'il a faites au temps de vos prodigalités.

Un de nos plus grands physiologistes a prouvé cela par des expériences fort curieuses, quoique cruelles, sur les pauvres animaux qui en furent l'objet.

C'étaient deux jolis bœufs, comme ceux qu'a chantés Pierre Dupont. Le savant, après les avoir engraissés avec toute l'habileté d'un éleveur consommé, les laissa pendant un mois sans leur donner la moindre nourriture. Chaque jour, les malheureuses bêtes maigrissaient un peu, car elles vivaient de la graisse qui s'était amassée sous leur peau à l'époque où elles faisaient de copieux repas ; mais au bout d'un mois de diète, elles étaient encore pleines de vie, au grand ébahissement de tous ceux qui suivaient l'expérience.

Le savant avait beau répéter sur tous les tons
que rien n'était plus naturel ; il était sans cesse har-
celé par une foule d'incrédules qui l'accablaient de
questions. — « Eh mais, lui disaient-ils, on ne peu'
pas vivre sans manger ; dites-nous, sans plaisanter
ce que vous donnez à vos bœufs ? ce que mangent
vos bœufs?...

A quoi le physiologiste impatienté avait fini par
répondre : « C'est bien simple !... Ils mangent du
bœuf ! »

— Alors, dit M. Bardane en souriant, si quelque
jour je manque de pain, j'aurai toujours la res-
source de pouvoir me nourrir en me mangeant moi-
même ?

— Évidemment, reprit le docteur. Puisse cette
douce pensée, monsieur Bardane, vous faire oublier un peu la rotondité de votre ventre et consoler
tous les honnêtes gens qui sont obèses comme
vous !...

— Vous êtes bien bon !... monsieur le docteur !...

— En terminant l'étude physiologique du poumon, je veux pourtant vous rappeler encore une
fois ce brave muscle diaphragme qui joue un si
grand rôle dans la respiration.

C'est lui, sans que vous vous en doutiez, qui pré-
side à toutes vos émotions, à tous vos chagrins et
même à toutes vos joies.

Bâillez-vous à vous décrocher la mâchoire. Il se déprime et s'enfonce pour ainsi dire dans l'abdomen pour permettre à votre bâillement de se manifester dans toute son ampleur.

Avez-vous envie d'éternuer ? Il se comporte de la même façon et revient tout à coup sur lui-même pour vous aider à triompher, par un violent effort, de l'impression désagréable que vous éprouvez dans le nez.

Quand vous toussez, le diaphragme se soulève et s'abaisse alternativement ; quand vous sanglotez, Il souffre et se contracte comme s'il éprouvait une convulsion. Quand vous avez le hoquet, c'est encore lui qui tressaute et bondit comme vous pouvez vous en assurer, en appliquant alors votre main sur la poitrine.

Enfin, mes amis, c'est lui qui sautille gaiement quand vous riez et que vous êtes de belle humeur. Vous lui devez pour cela beaucoup de reconnaissance. Les muscles du visage ne peuvent en cette occasion faire exécuter à nos lèvres autre chose que le sourire ; c'est leur plus belle expression.

Sans ce bon diaphragme, votre plus *intime* ami, vous ne connaîtriez pas ces vifs éclats de rire, honnêtes et joyeux, qui font tant de bien !...

IX.

Le sang du crime. — Les liquides physiologiques et les filtrés du corps humain. — Gendarmes et malfaiteurs. — Mères et nourrices.

— Voici pourtant, mes chers amis, reprit le docteur la semaine suivante, que nous terminons l'histoire de ce travailleur infatigable, de ce restaurateur généreux, qui, sans trève ni merci, alimente notre corps, et que nous appelons le *sang*.

A ce nom seul, je vois cependant une expression de dégoût se peindre sur vos visages. Quelle triste pensée fait-il naître dans votre esprit ? N'est-ce pas le sang qui vous anime ? N'est-ce pas lui qui nourrit vos organes, qui fait battre votre cœur, qui vous donne la force, l'ardeur, l'enthousiasme et le courage, en répandant en vous la chaleur et la vie ?...

Quel plus beau rôle pourrait-il jouer, et d'où vient cette insurmontable aversion que vous avez pour lui ?

Ah ! que votre répugnance parle haut contre la barbarie et la cruauté !...

Vous êtes habitués à voir derrière ce mot sinistre *le sang*, le crime qui se cache dans l'ombre, l'é chafaud lugubre, le bourreau, des têtes coupées, des champs de carnage, des hommes mutilés, des fronts et des poitrines troués par des balles !

Vous avez bien raison de frissonner !... Vous sentez instinctivement que c'est une profanation odieuse que de verser ainsi ce sang vermeil, cette liqueur sacrée, dont une seule goutte contient le germe de la vie, et suffit à faire jaillir du cerveau de l'homme l'intelligence et la pensée !...

Nous avons, pas à pas, suivi le sang dans sa course bienfaisante. Je vous ai dit en dernier lieu comment il se régénérait dans les poumons, en se débarrassant de l'hydrogène et du carbone que lui ont fourni les aliments ; il me reste à vous dire, en quelques mots, comment il abandonne successivement toutes les autres substances qui ne servent pas à la nutrition de nos tissus.

Pour cela, divers organes connus sous le nom de *glandes* sont placés sur son chemin, comme autant d'usines sur le même cours d'eau.

Ces glandes ne sont pas d'ailleurs autre chose que des fabriques ayant chacune leur spécialité, et qui, tout en épurant le sang, en séparent différents liquides nécessaires presque tous à notre économie.

Cette sorte de filtration ou de triage, qu'accomplissent les glandes, s'appelle une *sécrétion* ; et déjà nous avons parlé de plusieurs liquides extraits du sang par des organes sécréteurs.

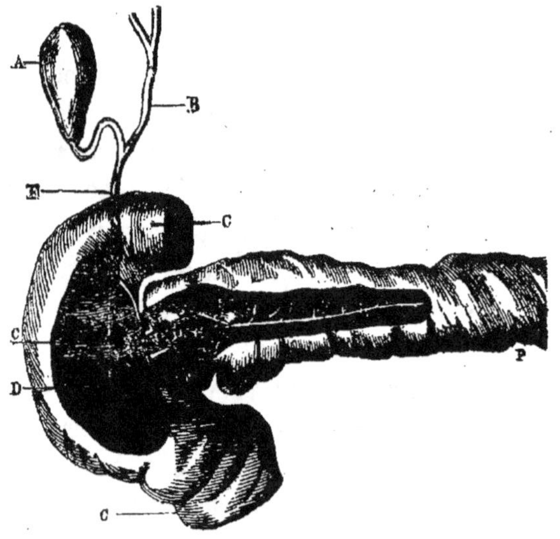

Fig. 25. — Sécrétion de la bile et du suc pancréatique [1].

— C'est vrai ! interrompit M. Bardane, qui depuis quelque temps, avait une vive démangeaison de parler afin de montrer son savoir, c'est très-vrai !... Je me souviens même de toutes les sécrétions dont le docteur nous a parlé...

[1] A. Vésicule biliaire. — B. F Conduits biliaires. — C. C. Intestin duodénum. — D. Ouverture commune aux conduits biliaires et au grand canal pancréatique. — P. Pancréas.

6.

— Pristi !... fit le marguillier, si l'on vous prenait au mot !

M. Bardane piqué au jeu se rengorgea : Nous connaissons, dit-il, la *salive* qui est sécrétée par les glandes salivaires ; le *suc gastrique* qui est fourni par les glandules de l'estomac ; la *bile* fabriquée par le foie ; le *suc pancréatique* sécrété par le pancréas, et le *suc intestinal* produit par les glandes de l'intestin.

— C'est très-bien, reprit le docteur, et puisque vous m'écoutez avec tant de profit, je vais compléter votre érudition.

— Ce ne sera ni bien long ni bien difficile. Vous devez deviner, en effet, que tous les liquides sécrétés par d'autres organes sont fabriqués de la même façon que ceux que vous venez d'énumérer.

Les uns vous expliquent les autres. C'est ainsi que les *larmes* sont extraites du sang par les glandes lacrymales, la *sueur* par les glandes de la peau, le *lait* par les mamelles, le *mucus* par les glandes muqueuses, l'*urine* par les reins que vous connaissez mieux peut-être sous le nom de *rognons*.

La sécrétion de l'urine est une des plus importantes. Outre la grande quantité d'eau qu'elle sépare du sang, elle élimine un principe particulier, l'*urée* qui deviendrait un poison s'il était transporté dans nos tissus. Il est indispensable qu'il s'en aille au plus vite, et les reins sont précisément les deux gendarmes chargés d'arrêter ce malfaiteur et de le mettre dehors.

Si vous avez quelquefois mangé des rognons, vous savez qu'ils ont la forme d'un grand haricot. Mais quand ils sont sur l'assiette, il leur manque quelque chose de très-important. C'est le tuyau par lequel s'écoule le liquide qu'il ont sécrété. Ce tuyau, qu'on nomme l'*uretère*, s'attache juste au fond de la partie concave du rein. C'est aussi là qu'est fixé, chez le haricot, le petit cordon qui l'unit à la gousse. Les uretères conduisent l'urine des reins à la vessie. A mesure que le liquide arrive, celle-ci se remplit et se distend ; et quand elle se sent assez pleine, elle se contracte, revient sur elle-même, et chasse le liquide au dehors.

Vous vous souvenez, qu'à propos des poumons, je vous ai dit, l'autre jour, que l'hydrogène et le carbone fournis par les aliments ne dépassaient pas ces organes ; mais que l'azote demeurait dans le sang parce qu'il servait à la nutrition de nos tissus.

Eh bien, c'est précisément une partie de cet azote, celle qui n'a pas été employée à nous nourrir, qui se transforme en *urée*, et que les reins enlèvent au sang.

Les glandes rénales sont donc, par rapport aux aliments plastiques, ce que sont les poumons par rapport aux aliments respiratoires.

Outre l'urée, les reins séparent encore du sang

une foule d'autres substances qui ne doivent pas y rester, et jamais douanier ou commis d'octroi n'ont si minutieusement rempli leur devoir. C'est ainsi qu'ils arrêtent encore les phosphates de soude, d'ammoniaque, de chaux et tous les autres sels qui sont en excès dans la fabrication des os.

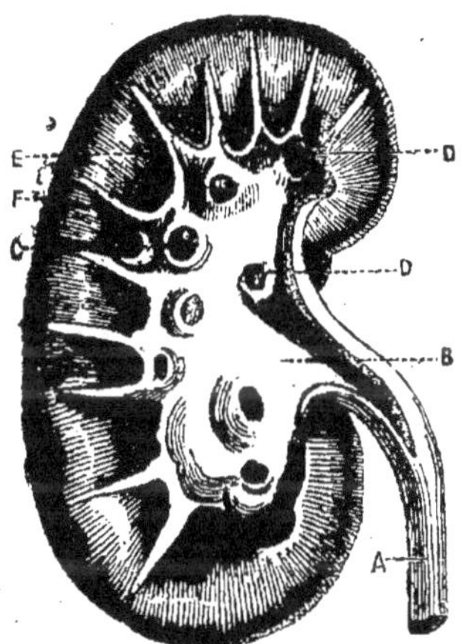

Fig. 26. — Coupe verticale du rein [1].

S'ils n'étaient pas expulsés avec l'urine, ceux-ci ne tarderaient point, en effet, à révéler leur présence dans le sang, par des symptômes graves. En se fixant autour des articulations des doigts et des orteils, ils occasionneraient les atroces douleurs de la *goutte*; ils formeraient des *graviers* ou des

[1] A. Uretère. — B. Calice. — C. D. Bassinets. — E. Substance tubuleuse du rein. — F. Substance corticale.

pierres, en se déposant peu à peu dans les conduits rénaux et dans la vessie.

Lorsqu'un poison quelconque, absorbé par les voies digestives, est passé dans le sang, il s'élimine de même, en grande partie, par les reins ; aussi les médecins prescrivent-ils, en pareil cas, des médicaments qui excitent très-vivement la sécrétion urinaire, afin que l'élimination s'accomplisse avec la plus grande rapidité.

— C'est logique, fit aussitôt l'instituteur, qui depuis un moment suivait avec beaucoup d'attention M. Molène ; et puisque les glandes prennent ainsi tout ce qui est vicieux dans le sang, voilà, sans doute, pourquoi il n'est pas bon qu'un enfant tête le lait d'une mauvaise nourrice ?

— Précisément, répondit le docteur, et malheureusement il en est beaucoup de mauvaises nourrices, aujourd'hui que la plupart des femmes de nos villes se refusent à remplir le plus noble de leurs devoirs, celui d'allaiter leur enfant !...

A mes yeux, mes chers amis, c'est un crime de lèse-nature, que d'enlever sans cause sérieuse à un nouveau né l'aliment auquel il a droit ; que de laisser se tarir, par pure paresse ou coquetterie, l'admirable, le bienfaisant organe qui donne le lait maternel !...

X.

La charpente humaine et sa construction. — L'image de la
mort. — La maison merveilleuse. — Une marionnette. —
Ficelles et ressorts. — Bêtes et plantes. — Anatomie de
cuisinière. — Un pilon de volaille. — Les mouvements.

—Quand on va, pour la première fois, rendre visite
à des gens dont on a fait la connaissance, on a
généralement l'habitude, après avoir observé leurs
manières, d'examiner l'appartement et la maison
qu'ils habitent ; on veut savoir s'ils sont logés à
l'étroit ou à l'aise, si les pièces ne manquent point
de clarté, si les cheminées sont bonnes ; enfin, quel
est le prix de leur loyer.

Nous allons, si vous le voulez bien, suivre cet
exemple, et maintenant que nous savons les faits et
gestes de l'estomac, du poumon, du cœur, et des
autres organes renfermés en nous, poussons la cu-
riosité jusqu'à voir comment est bâtie leur maison...

—Je vous écouterai avec plaisir, docteur, répondit
M. Bardane, à ce préambule de M. Molène, car depuis

bien longtemps j'entends parler de la *charpente humaine,* et je m'imagine que cela doit être inté-ressant...

— En effet, quand vous connaîtrez la charpente humaine, comme vous dites, vous saurez comment vous marchez, vous courez, vous sautez, vous remuez la tête et les bras. L'histoire *du squelette* va vous apprendre tout cela ; mais, avant de parler de la charpente tout entière, laissez-moi vous dire comment se forment les pièces qui la composent, et que l'on appelle les *os.*

Chez l'enfant qui vient de naître, les os, encore tendres et flexibles, sont presque à l'état de *cartilage*; quelques jours avant la naissance ils étaient même tout à fait mous. Ce n'est qu'avec le temps qu'ils deviennent de plus en plus solides, et qu'ils augmentent à la fois de longueur et de dureté.

Le tissu cartilagineux est envahi peu à peu par les sels calcaires que lui apporte le sang ; et c'est ainsi que se fait l'ossification. Les os n'ont guère acquis, avant l'âge de vingt-cinq ans, toute la consistance qu'il doivent avoir. Jusqu'à cette époque le sang travaille constamment à leur construction.

Vous savez aussi bien que moi, qu'entre les os se trouvent les *jointures,* que nous appelons encore *articulations.* Chacune d'elles est tapissée en dedans par une mince membrane, dont la surface laisse suinter un liquide albumineux qui graisse la jointure et facilite ses mouvements ; c'est la membrane *synoviale*.

Il est indispensable, vous le comprenez, qu'au niveau des articulations les os soient parfaitement maintenus l'un contre l'autre, sans quoi ils tendraient toujours à s'écarter et à se déplacer. Aussi, la nature les a-t-elle solidement reliés par des faisceaux de fibres nommés *ligaments*, qui, disposés tout autour de la jointure, la consolident et la protègent.

A présent que nous avons une idée de la structure des os et de leurs moyens d'union, et que nous connaissons les éléments de la charpente, nous pouvons étudier l'ensemble de l'édifice, c'est-à-dire *le squelette*.

— Je ne connais rien de plus affreux que ça !... objecta le marguillier.

Sans doute, reprit le docteur, si vous ne voyez dans le squelette que l'image de la mort. Mais si vous l'étudiez au point de vue de l'organisation, ses moindres détails vous paraîtront admirables.

Jetez les yeux sur le *crâne*, voyez cette boîte merveilleusement disposée pour loger le plus délicat de nos organes, le *cerveau*. Regardez ces profondes *orbites* si effrayantes quand la mort les a creusées. Elles sont faites pour contenir et protéger les *yeux*. Examinez avec quelle précision s'articule la *mâchoire inférieure*, dans la fossette pratiquée tout exprès pour la recevoir, au-devant du conduit de l'oreille !...

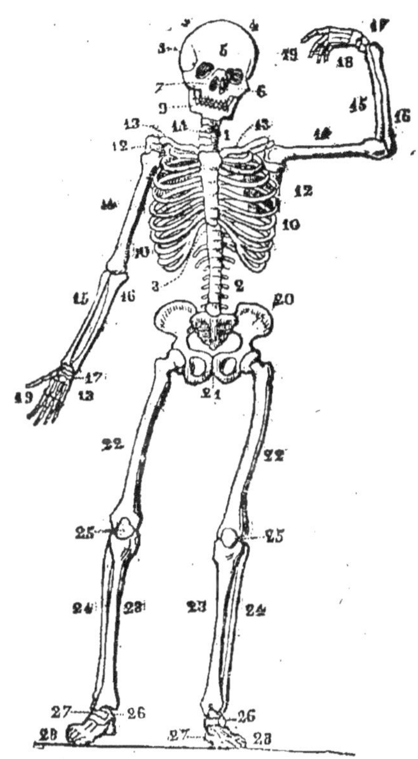

Fig. 27. — Système osseux. — Le squelette [1].

Et les côtes ?... Que d'harmonie et de régularité

[1] 1. 2. 3. Colonne vertébrale. 4. Os pariétaux. 5. Frontal. 6. 7. Maxillaires supérieurs. 8. Temporal. 9 Maxillaires inférieurs. 10. Côtes. 11. Vertèbres cervicales. 12. Omoplates. 13. Clavicules. 14. Humérus. 15. Radius. 16. Cubitus. 17. Carpe ou poignet. 18. Métacarpe. 19. Doigts. 20. Os iliaque. 21. Pubis. 22. Fémur. 23. Tibias. 24. Péronés. 25. Rotules. 26. Tarse ou cou-de-pied. 27. Métarse. 28. Orteils.

dans leur courbure et leur inclinaison ! Appuyées
en avant sur l'os de la poitrine qu'on appelle le
sternum, elles sont articulées en arrière avec ces
osselets épineux qui sont percés d'un large trou, et
que l'on nomme les *vertèbres*.

Ces vertèbres forment, par leur superposition, la

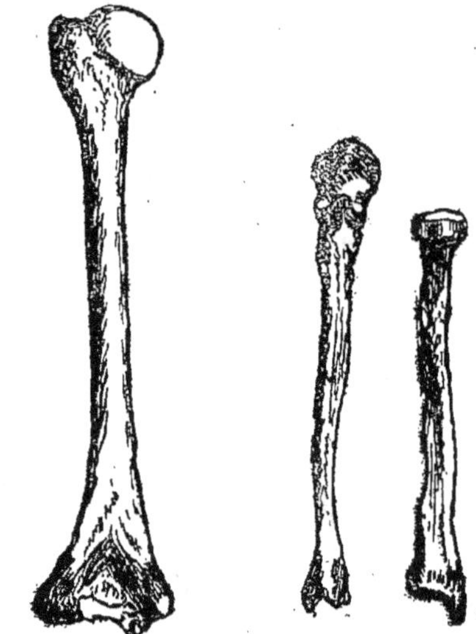

Fig. 28. — L'humérus. — Le cubitus et le radius.

colonne vertébrale, un canal aux parois épaisses et
résistantes, qui renferme la *moelle épinière*, d'où
émanent la plupart des nerfs.

Remarquez cet os recourbé en forme d'S, que
vous prendriez de prime-abord pour la première
côte. C'est la *clavicule*. Vous pouvez la sentir sous

la peau, entre l'épaule et la base du cou. Quand elle se casse, la plupart des mouvements du bras sont paralysés. La clavicule s'appuie en dehors sur sur ce grand os, large comme la main, qui forme l'épaule, et qu'on appelle l'*omoplate*. A celle-ci est

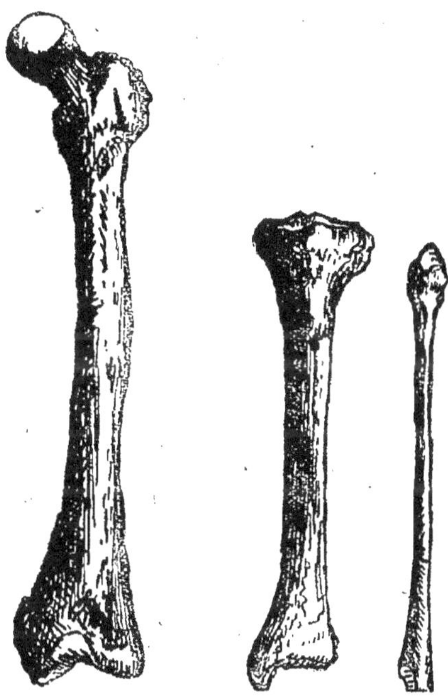

Fig. 29. — Le fémur, le tibia, le péroné.

suspendu le membre supérieur dont vous connaissez sans doute toutes les divisions. Ce sont : le bras, représenté par l'os *humérus* ; l'avant-bras par le *cubitus* et le *radius*, le *carpe* ou poignet, constitué par huit osselets placés sur deux rangs ; le *méta-carpe* qui correspond à la paume et au dos de la main ; enfin, les *doigts*, composés des *phalanges*, *phalangines* et *phalangettes*.

Voilà pour les étages supérieurs. Considérez à présent le *bassin* formé en avant et sur les côtés par les os de la hanche nommés *os iliaques*, et en arrière par un os triangulaire qui supporte la colonne vertébrale, et que l'on nomme *sacrum*.

Le bassin, plus évasé chez la femme que chez l'homme, supporte les viscères de l'abdomen.

L'os de la cuisse, ou *fémur*, s'articule avec lui. Au niveau du genou on rencontre un petit os arrondi, la *rotule*, qui protège l'articulation, comme le ferait un bouclier. A la jambe on trouve le *tibia* et son mince compagnon le *péroné* ; le pied se divise en *tarse*, *métatarse* et *orteils*. Il faut distinguer, parmi les os du tarse, l'*astragale*, qui s'articule avec la jambe, et le *calcaneum*, qui forme le talon.

Pièce à pièce, mes chers amis, nous avons parcouru tout le squelette. Voilà la charpente humaine telle que la nature l'a dressée. Vous n'avez pourtant encore devant vous, qu'une froide image, qu'une sorte de mannequin incapable de faire un mouvement. Le squelette, c'est une marionnette lugubre, dépourvue des ficelles et des ressorts merveilleux que nous nommons les *muscles* et les *nerfs*.

Sans ces bons organes en effet, nous ne serions pas

autre chose que des végétaux. Ceux-ci respirent et se nourrissent comme nous; mais ils ne peuvent accomplir le moindre mouvement volontaire; ils vivent et meurent à l'endroit où ils ont été semés, et il est bien probable qu'ils sont insensibles à la douleur physique et morale.

Nous, au contraire, grâce à nos muscles, nous pouvons marcher, courir, sauter, tenir un outil, travailler, pénétrer chez le voisin, lui prendre ses pommes, lui donner des coups de poing, le tuer même au besoin, pour peu qu'il nous agace... les *nerfs*. Ces derniers organes permettent à nos dames de se trouver mal et d'avoir des vapeurs, ce que jamais n'ont su faire les plus belles roses, ni les plus riches giroflées. Voilà ce qui nous distingue du brin d'herbe, voilà, pourquoi nous sommes des animaux, des bêtes, au lieu d'être d'humbles végétaux.

— Est-il possible, s'écria M. Bardane, qu'il n'existe pas d'autre différence entre nous et la simple fleur des champs? Des muscles et des nerfs! voilà tout!... Et sans ces précieux organes, monsieur le docteur, je n'aurais pas le plaisir de vous connaître?

— Il n'existerait entre nous aucune relation, mon cher monsieur Bardane. Si la nature l'avait voulu, nous pourrions peut-être vivre l'un près de l'autre, comme des choux dans le même carré; mais si des êtres *musclés* venaient fondre sur nous, il nous serait impossible de nous défendre et même de crier !...

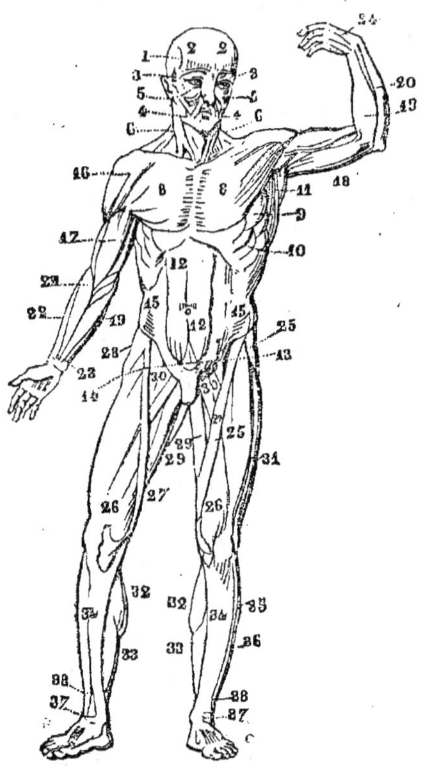

Fig. 30. — Système musculaire. — (*face antérieure*)[1].

[1] 1. M. temporal. 2. Frontal. 3. Sourcilier. 4. Zygomatique. 5. Orbiculaire. 6. Sterno-Mastoïdien. 8. Pectoral. 9. Grand dentelé. 10 Intercostaux. 11. Grand rond. 12. Grand droit de l'abdomen. 13. Pectiné. 14. Arcade crurale. 15. Grand oblique. 16 Deltoïde. 17. Biceps. 18. Triceps. 19. Cubital. 20. Extenseur des doigts. 21. Long supinateur. 22. Fléch. des doigts. 23. Carré pronateur. 24. Interosseux. 25. Triceps crural. 26. Vaste interne. 27. Couturier. 28. *Fascia-lata*. 29. 30. Grands et petits adducteurs. 31. Vaste externe. 32. Jumeaux. 33. Soléaire. 34. Tibial antérieur. 35. 36. Péroniers. 37. Pédieux. 38. Extenseur des orteils.

Les muscles, vous le voyez, valent bien la peine que nous nous arrêtions un moment à leur étude, car, outre les services qu'ils nous rendent, ce sont eux aussi qui constituent la majeure partie de notre corps. Toute la masse charnue, qu'on nomme communément la *viande*, est formée par les muscles.

Quand on vous sert un *filet* de bœuf, c'est une portion des muscles *dorso-lombaires* de cet animal que l'on offre à votre appétit. Dans la *côtelette*, vous mangez une tranche de la masse musculaire qui longe la colonne vertébrale du mouton ; dans le *gigot*, vous coupez les muscles de la cuisse et de la jambe ; lorsqu'on vous présente un *aloyau* vous avez à savourer, bienheureux mortel, le muscle le plus délicat chez tout animal, celui qui s'étend du diaphragme à la cuisse en traversant le bassin, et que les savants ont nommé le muscle *psoas*.

Mais je m'aperçois que nous ne faisons là que de l'anatomie de cuisinière, et cela n'est pas suffisant. J'ai bien envie, cependant, de vous parler encore du poulet rôti ; et d'attirer notamment votre attention sur la portion de ce volatile que l'on réserve ordinairement aux enfants et qu'on appelle le *pilon*.

Le pilon, mes chers amis, est gros de révélations. Disséqué et croqué avec soin, il est extrêmement instructif. Nulle autre chose ne saurait mieux vous faire comprendre les muscles.

Cette étude, d'ailleurs, n'a rien de désagréable,

et je vous la recommande en vous signalant d'abord
ce que vous devez voir dans un pilon cuit à point.

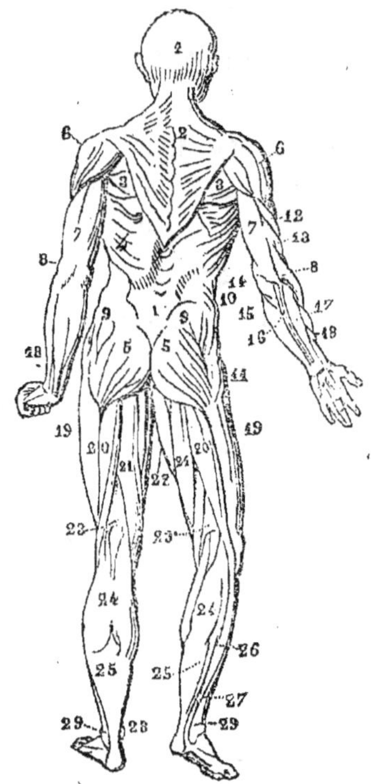

Fig. 31. — Système musculaire. — *(face postérieure)* [1].

[1] 1. Muscle occipital. 2. Trapèze. 3. Sous-épineux. 4. Grand
dorsal. 5. Grand fessier. 6 Deltoïde. 7. Triceps brachial.
8. Long supinateur. 9. Moyen fessier. 10. Grand oblique.
11. Fascia lata. 12. Coraco-brachial. 13. Biceps. 14. Anconé.
15. Cubital postérieur. 16. 17. Extenseurs des doigts. 18. Rond
pronateur. 19. Vaste externe. 20. Biceps crural. 21. Demi-
membraneux 22. Demi-tendineux. 23. Poplité. 24. Jumeaux.
25. Soléaire. 26. Fléchis. des orteils. 27. Péroniers. 28. Tendon
d'Achille. 29. Gouttière des péroniers.

7.

Cette portion du poulet n'est autre que la *jambe*, quoiqu'on lui donne le nom de *cuisse* quelquefois. Elle est constituée, comme vous savez, par une masse charnue, entourant deux os : l'un très-gros et très-long, le *tibia*, et l'autre très-mince, très-grêle, un peu aplati supérieurement, et pointu comme une aiguille par son extrémité inférieure, le *péroné*.

Après avoir enlevé la peau du pilon, vous apercevez la masse charnue : Ne croyez pas qu'elle soit constituée par un seul muscle, vous vous tromperiez !.. Regardez attentivement, et voyez ces lignes verticales qui s'enfoncent dans la chair. Faites glisser, le long de ces lignes, la pointe de votre couteau. Vous diviserez, sans peine, toute la masse en plusieurs petits faisceaux plus ou moins arrondis et semblables à des cônes allongés. Leur partie supérieure est grosse et charnue ; l'inférieure, amincie, dure et coriace, s'attache fortement à l'os.

Cette dissection terminée, vous avez sous les yeux tous les muscles de la jambe du poulet ; chacun des faisceaux constitue à lui seul un muscle spécial ; et quand vous les aurez examinés à votre aise, vous pourrez les croquer séparément ou tous ensemble, comme le cœur vous en dira. Sachez seulement que la partie charnue du muscle s'appelle le *ventre*, et la partie amincie qui s'attache à l'os le *tendon*.

Ordinairement les muscles n'ont qu'un seul ventre; mais ils ont deux tendons, un à chaque extrémité.

Cela vous surprendra peut-être, si vous étudiez, comme nous venons de le faire, sur une jambe de poulet. Vous ne trouverez alors qu'un seul tendon à chaque muscle ; mais, en réfléchissant un peu, vous comprendrez que vous avez coupé l'autre en détachant la cuisse du pilon.

Maintenant, si vous le voulez bien, parlons tout à fait en savants : Le tissu musculaire a la propriété de se contracter et de s'allonger comme le ferait un tissu élastique. Ceci étant admis, supposez un muscle fixé d'un côté à l'os de la cuisse et de l'autre à l'os de la jambe, chez un animal quelconque, y compris l'homme lui-même.

Ce muscle, en se contractant, tirera fortement sur la jambe ; pour la rapprocher de la cuisse, il fera plier l'articulation du genou ; et c'est ainsi que la jambe exécutera un mouvement, la FLEXION.

En tout autre point du corps les mêmes phénomènes s'accomplissent. Au bras c'est le fameux muscle *biceps* fixé en haut à l'omoplate, et en bas à la partie supérieure de l'avant-bras. S'il se contracte on voit on ventre se renfler, et l'avant-bras se fléchir ; etc.

D'autres muscles opposés aux *fléchisseurs* étendent le membre quand il a accompli le mouvement précédent. Ce sont les *extenseurs* ; le *mollet*, par exemple, qui, retenant le pied dans l'extension, permet aux danseuses de faire des pointes, et aux bons danseurs, des entrechats plus ou moins gracieux.

D'autres muscles encore sont *rotateurs*. Ceux-ci nous donnent la faculté de faire tourner une clef dans une serrure, de percer un trou avec une vrille, etc.; mouvements rapides et compliqués qu'il serait très-difficile d'exécuter sans eux. A la main, au pied, à la cuisse, etc., se trouvent enfin des muscles *abducteurs* qui écartent les doigts les uns des autres, ou le membre de la ligne médiane du tronc. Leurs antagonistes nommés *adducteurs*, déterminent des mouvements contraires.

Voilà, mes chers amis, quelles sont les principales fonctions des muscles. C'est à ces organes que l'homme doit sa force physique ; mais celle-ci serait nulle, et le muscle n'aurait aucune puissance, si le système nerveux qui fait marcher toute la machine était subitement paralysé.

Ici le docteur s'arrêta, car depuis un moment, on n'apportait qu'une attention distraite à ses paroles.

C'était autour de lui, une confusion de mouvements et de gestes, une agitation continuelle de bras et de jambes alternativement étendus et fléchis, à se croire dans une salle de gymnastique.

Le marguillier simulait gravement la sonnerie de ses cloches, M. Bardane tendait et détendait brusquement ses biceps ; M. Verdier qui n'était point sans quelques prétentions encore, se tâtait doucement les mollets, enchanté de leur trouver toujours une souplesse qu'il ne leur soupçonnait plus.

XI.

— Je vous ai dit l'autre jour comment les muscles
faisaient mouvoir l'une sur l'autre les diverses por-
tions de notre corps ; je vous ai expliqué succincte-
ment leur action ; et vous savez à présent que leur
propriété principale est la *contractilité*.

Il me reste à vous parler des *nerfs* sans lesquels
les muscles seraient dépourvus de toute puissance ; car ils reçoivent du système nerveux la force
et la vie, comme du système artériel la chaleur et
le sang.

M. Molène fit une courte pause après ces paroles ; mais, comme il allait reprendre son entretien, il aperçut le marguillier montrant d'un
air d'orgueil à ses voisins les saillantes nervures

qui soulevaient la peau au dessous de son poignet.

— J'espère qu'en voilà des nerfs ?.... s'écria-t-il.

— Ah ! ah !... pardon !... monsieur Martin, reprit le docteur, je vous surprends en flagrant délit d'ignorance...

Vous nous montrez bien là ce qu'on appelle vulgairement des nerfs ; mais veuillez croire que vous commettez avec bien des gens une erreur grossière. Les nerfs ne font jamais saillie sous la peau ; ils suivent en général le trajet des artères, et se cachent avec elles dans les profonds interstices des muscles auxquels ils envoient les rameaux et les filets qui doivent les mouvoir. Ce que vous montrez si complaisamment à nos amis, c'est tout bonnement les tendons de vos muscles de l'avant-bras ; et ils ne sont chez vous si forts et si prononcés, que parce qu'ils ont l'habitude de travailler beaucoup. Soir et matin vous sonnez les cloches avec une vigueur dont les fidèles doivent vous féliciter ; et vos muscles de l'avant-bras, qui dans cette circonstance font presque toute la besogne, se fortifient et se développent tous les jours, grâce à ce fatigant exercice....

— Vraiment, docteur, vous croyez ?... fit le sonneur désappointé.

— J'en suis certain, mon cher ami, mais soyez

persuadé que je ne vous regarde pas pour cela comme un homme sans nerfs. J'ai tenu à dissiper

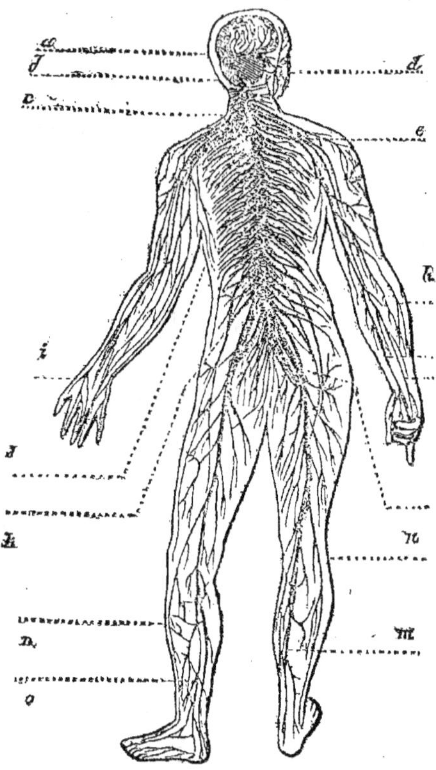

Fig. 32. — Le système nerveux [1].

votre erreur, voilà tout. Je sais fort bien que dans vos membres, et le long de vos côtes existent des

[1] *a.* Cerveau. — *b.* Cervelet. — *c. e.* Plexus nerveux des bras. — *d.* Nerfs faciaux. — *h. i.* Nerfs cubitaux et radiaux. — *J.* Nerfs intercostaux. — *k.* Plexus sacré. — *m. n. o.* Nerfs cruraux.

cordons blancs plus ou moins volumineux selon l'importance des muscles auxquels ils se distribuent ; je n'ignore pas que ces cordons blancs sont des nerfs ; qu'ils prennent naissance sur les côtés de la moelle épinière enfermée dans le canal osseux de votre colonne vertébrale ; qu'ils sortent de ce canal par de petits trous percés entre chaque vertèbre ; et qu'ils se rendent à tous les muscles de votre corps, en suivant à peu près les divisions des artères. Je gagerais aussi, mon brave marguillier, que vous avez du haut en bas de votre épine d'orsale, depuis la base du crâne jusqu'au sacrum, *trente-une paires* de ces nerfs que les anatomistes appellent *spinaux* ou *rachidiens ;* mais ce serait chose peu commode que de prouver cela ; car, — je vous le dis sans façons, — pour en être bien sûr, il faudrait vous disséquer !...

— Me disséquer !... hurla le sonneur en bondissant sur sa chaise... Ce serait une mauvaise plaisanterie !...

— Si mauvaise, que vous n'en reviendriez pas, mon pauvre garçon ; aussi préférai-je vous dire que les nerfs dont je viens de vous parler, ne sont autre chose que des fils conducteurs mis en relation avec le cerveau par la moelle épinière.

Le *cerveau* est le grand potentat de l'organisme. Placé comme sur un trône, à l'endroit le plus élevé du corps, il domine de ce point culminant toute la

machine humaine. La boîte osseuse du crâne le protége de toutes parts ; dans cette retraite il est ina-
bordable comme un roi dans son palais, et il exerce
son souverain pouvoir sur nos organes, comme un
monarque sur ses sujets. Muscles et vaisseaux, tout
lui est soumis : il tient leur vie dans ses mains, et
connaît bien mieux que le plus soupçonneux tyran
tout ce qui se passe à l'extérieur et à l'intérieur de
ses États.

Sa police et son gouvernement sont extraordinaires.

Rien d'étranger n'entre chez lui. Nul ne connaît
ses actes ni sa politique, et les savants eux-mêmes,
quand ils l'étudient après l'avoir mis à nu, ne com-
prennent rien à son étrange organisation. Seules,
les artères carotide et vertébrale ont le droit de
pénétrer chez lui.

Elles lui transmettent le sang qui doit le faire
vivre ; et vous savez que les rois, même les plus
farouches, accueillent toujours bien ceux qui leur
apportent de l'argent.

— Témoin le roi de Prusse, appuya M. Verdier,
il est notre meilleur ami tant qu'il touche nos
écus...

— Ne parlons pas politique, ajouta finement
le docteur. Il serait mauvais, en étudiant les
nerfs en général, de se les agacer en particulier.

Le *cervelet,* d'ailleurs, nous réclame. Placé
au dessous du cerveau, dans un compartiment
separé, comme un laquais dans une antichambre, il
ne semble avoir d'autre mission que celle de faire
parvenir exactement à leur adresse les ordres de
l'organe souverain ; mais les physiologistes ont remarqué que lorsque ce premier fonctionnaire est

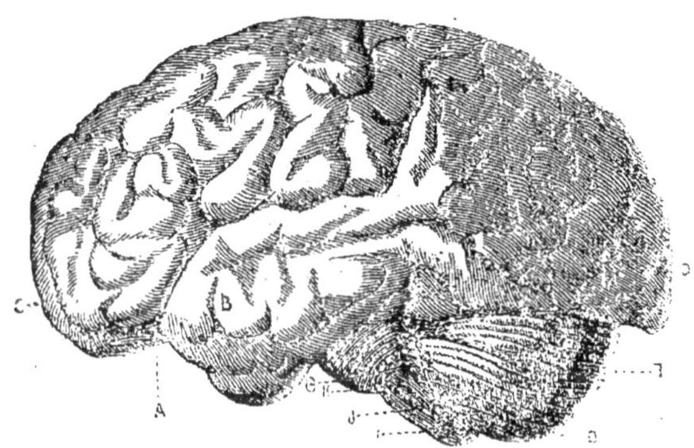

Fig. 33. — Le cerveau [1].

malade, les mouvements se font de travers, et
que l'on marche à reculons au lieu d'aller devant
soi.

— Celui-là, c'est Bismark ! grommela l'instituteur.

— Peut-être !... répliqua M. Molène quoique la
moelle épinière possède en apparence autant d'au-

<hr>

[1] A. Scissure de Sylvius. — B. Lobe moyen. — C. Lobe antérieur. — D. Lobe postérieur. — E. F. G. Protubérance annu-
laire. — I. J. Moelle allongée.

torité que le cervelet. C'est par son intermédiaire
que le mouvement est transmis aux muscles au
moyen des cordons nerveux qu'elle envoie dans
toutes les directions ; et c'est elle qui rapporte au
cerveau tout ce que les nerfs lui apprennent.
Ceux-ci en effet, outre qu'ils sont moteurs, possèdent
encore une autre propriété, la *sensibilité*. Répandus
sous la peau de manière à former une sorte de réseau serré, ils constituent les organes du *toucher*.
Ce sont des espions qui apprécient le chaud, le
froid, la pesanteur, la forme et le volume, etc., et
qui racontent aussitôt à la moelle ce qu'ils peuvent
savoir. Celle-ci répète fidèlement au cerveau tout
ce qu'elle entend, et le monarque, s'il croit devoir
répondre, donne des ordres que la moelle transmet
sans commentaires et sans réflexions au nerf qui
doit les faire exécuter.

— Tout à fait le système prussien ! exclama
M. Verdier qui n'y tenait plus.

— Et voyez, continua le docteur, comme il fonctionne chez nous.

Supposez, que la nuit, en rentrant dans votre
chambre, vous vous heurtez contre un meuble.
Vous cherchez à tâtons... les papilles nerveuses
placées sous la peau de la main reconnaissent au
toucher que l'obstacle est une chaise ; elles le disent
à la moelle, et celle-ci l'annonce à monseigneur le
cerveau.

Celui-ci répond à la moelle : «Enlevez cette chaise qui gêne la circulation ! » La moelle s'incline instantanément et répète au nerf du bras l'ordre qu'elle a reçu de sa majesté cérébrale.

Le nerf du bras obéit. Il a tous les muscles du membre sous sa direction, et les fait travailler avec intelligence. Les doigts empoignent la chaise par le dossier, l'avant-bras s'élève, puis s'abaisse, les doigts se desserrent, la chaise retombe, et... vous passez.

Tout cela s'accomplit, à la vérité, beaucoup plus rapidement que je ne le dis ici, car le fluide nerveux est aussi prompt que le fluide électrique ; mais les choses se passent comme je viens de vous le raconter.

— C'est l'obéissance passive ajouta l'instituteur.

— Et pourtant, continua M. Molène, quoique la moelle ne doive rien faire en général de sa propre autorité, elle a le droit, lorsque le cas est dangereux ou pressant, de prendre une décision sans en référer préalablement au cerveau; et d'agir tout de suite par elle-même. Ainsi, quand une cuisinière, croyant ramasser un charbon éteint, sent tout à coup qu'elle se brûle les doigts, la moelle commande aussitôt au nerf de mouvoir ses muscles en conséquence, et le cordon-bleu lâche vivement le perfide charbon. Ces mouvements, que la moelle épinière fait exécuter sans la permission du cerveau, sont appelés par les savants des *mouvements reflexes*; et ils peuvent se produire même lorsque

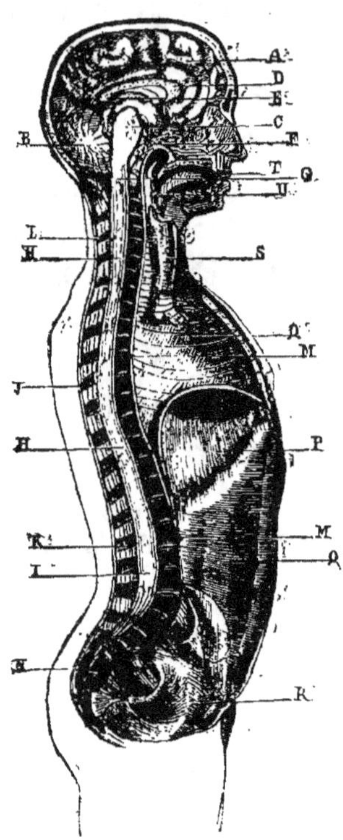

Fig. 34. — Figure d'ensemble des grands centres nerveux [1].

la tête a été séparée du tronc.

Dans l'intérieur du corps, le long de la colonne

[1] A. Cerveau. — B. Cervelet. — C. Moelle allongée. — D. E. Corps calleux. — F. Base du crâne. — G. H. I. Moelle épinière. — J. K. L. M. Colonne vertébrale. — N. Sacrum. — O. Thorax. — P. Diaphragme. — Q. Abdomen. — R. Sacrum. — S. Trachée. — T. Bouche. — U. Pharynx.

vertébrale se trouve un autre système de nerfs qui se gouverne par lui-même. Cette république est formée par un long paquet de cordons nerveux ir réguliers, qui ressemblent exactement à un écheveau de fil embrouillé.

C'est le nerf *sympathique*.

Il se distribue au cœur, aux poumons, à l'estomac, aux intestins, à tous les viscères de quelque importance, et malgré quelques relations avec les nerfs rachidiens, il serait tout à fait sourd aux ordres du cerveau, si par hasard celui-ci avait la fantaisie de lui en donner.

— Bravo ! ce nerf sympathique a toutes mes sympathies.

— Il en est digne, M. Verdier, ajouta le docteur, non-seulement à cause de son indépendance, mais parce qu'il est le fil auquel tient votre vie. Sa paralysie amène la mort instantanée, par la cessation brusque de toutes les fonctions organiques. Je dois vous dire aussi que le nerf sympathique court librement au milieu des viscères, tandis que dans la boîte et le canal osseux, qui les renferme, la moelle épinière et le cerveau sont entourés de trois membranes protectrices. La plus extérieure, ferme et résistante comme du parchemin, se nomme la *dure-mère* ; la seconde est l'*arachnoïde* ; la troisième, qui soutient les vaisseaux, porte le nom de *pie-mère*. A travers ces membranes le cerveau envoie des nerfs bien plus subtils encore que ceux des mouvements et du toucher. Ce sont ses ministres de prédilection et ils occupent des postes de confiance. Ils sont chargés des départements de l'*Odorat*, de la *Vue*, de l'*Ouïe* et du *Goût*, auxquels on joint toujours le *Toucher*, pour les étudier ensemble sous le nom d'*organes des sens*.

Le sens de l'*odorat* occupe la première place à la face inférieure du cerveau, l'une des régions les plus merveilleusement incompréhensibles de l'organe-roi.

On y voit des circonvolutions, des saillies, des tubercules, des cavernes, des fissures, des anfractuosités, et l'on n'a jamais pu deviner à quoi tout cela pouvait servir. La science a pourtant décrit et nommé toutes ces choses ; mais quand il a fallu donner des explications elle est restée muette.

Vous entendrez assez d'anatomistes vous parler de *corps pituitaire*, de *glande pinéale*, de *corps striés*, d'*éminences mamillaires*, de *scissures* et de *ventricules* ; mais ce ne sont là que des noms d'outils dont on ignore les usages.

Le cerveau est la grande usine de l'esprit. C'est lui qui fabrique la pensée et l'intelligence humaine. Il est le mystérieux creuset où se prépare l'idée. Mais, chose étonnante !... l'esprit de l'homme qui a su trouver la solution des problèmes les plus difficiles, ne sait point encore ce qui se passe ni comment il se comporte dans sa propre maison. Il est comme ces savants qui, pris à l'improviste au milieu d'une méditation profonde, ne savent plus dire leur nom, ni même distinguer leur main droite de leur main gauche.

— Et pourtant, interrompit M. Bardane, j'ai connu un médecin qui se vantait de savoir à quoi étaient appropriées les différentes parties du cerveau.

Quand une de ces parties était plus développée que les autres, elle se traduisait à l'extérieur par une *bosse* sur le crâne ; et le médecin en examinant votre tête, palpait avec soin toutes les bosses qu'il trouvait.

— C'était un phrénologue ?... fit le docteur.

— Justement. Il pratiquait, disait-il, la phrénologie d'après le système du docteur Gall. S'il vous découvrait une bosse au front, il vous félicitait en vous annonçant que vous possédiez toutes les aptitudes. Si vous aviez la tête pointue, il vous conseillait de vous faire prêtre; s'il vous trouvait l'occiput proéminent, il souriait avec malice, en vous disant que vous auriez beaucoup d'enfants ; enfin s'il vous sentait une bosse au dessus de l'oreille... comme malheureusement j'en vois une à notre marguillier...?

— Eh bien... monsieur?... demanda vivement le sonneur de cloches en couvrant de ses larges mains ses oreilles peut-être plus larges encore...

— Eh bien !... reprit M. Bardane, il vous prédi-

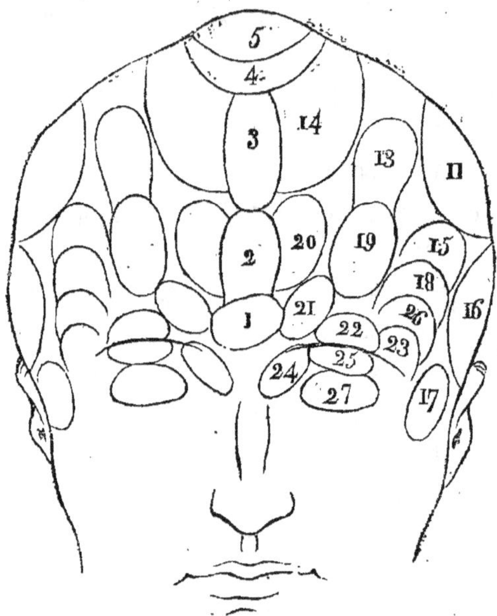

Fig. 34. — Localisation des facultés d'après le système
de Gall (*face antérieure*) [1].

sait d'un ton sinistre, que vous mourriez sur l'écha-
faud !

[1] 1, Éducabilité. — 2. Observation. — 3. Sagacité. — 4.
Bienveillance. — 5. Vénération. — 6. Persévérance. — 7.
Amour des enfants. — 8. Instinct de la progéniture. — 9.
Amitié. — 10. Ambition. — 11. Merveillosité. — 12. Estime
de soi. — 13. Imitation. — 14. Conscience. — 15. Esprit dé
saillie. — 16. Destructivité. — 17. Calcul. — 18. Harmonie.
— 19. Mémoire. — 20. Localité. — 21. Connaissance des personnes. — 22. Peinture. — 23. Ordre. — 24. Étendue. — 25.
Langage. — 26. Adresse. — 27. Mémoire des mots.

— Sapristi! vous plaisantez !... s'écria l'honorable M. Martin, saisi d'effroi.

— Oui, oui, reprit le docteur, monsieur Bardane plaisante ; car le système de Gall, qui semblait promettre monts et merveilles, n'a guère donné jusqu'à présent que des déceptions.

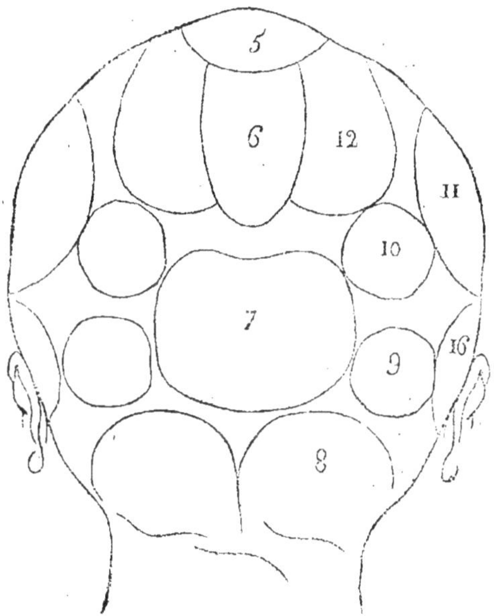

Fig. 35. — *(Face postérieure.)*

Gall a voulu localiser chaque sentiment et chaque faculté dans un coin spécial du cerveau. Après des études très-longues et très-consciencieusement faites il a cru pouvoir diviser la masse célébrale en départements ayant chacun leur fonction particulière;

mais ce savant médecin s'est grandement trompé, surtout dans les déductions qu'il a tirées de ce système.

Je ne nie pas, notez bien, que la localisation existe, mais je crois qu'il faudra de bien longues années encore pour que nous puissions assigner à chaque circonvolution cérébrale sa spécialité ; et jamais, j'en suis persuadé, les bosses qui pourront exister sur le crâne d'un individu n'auront la moindre valeur pour la détermination de ses aptitudes.

— Ça me console... murmura le marguillier.

— Jusqu'aujourd'hui, nous ne connaissons qu'une faculté qui paraisse avoir, dans le cerveau, une place spéciale. C'est la faculté de la *parole*.

Plusieurs cas pathologiques, observés surtout durant ces dernières années, semblent indiquer qu'elle a son siége dans la troisième circonvolution de la partie antérieure du cerveau. En effet, quand cette troisième circonvolution est attaquée, le malade ne trouve plus et ne peut plus prononcer certains mots dont il aurait besoin dans sa conversation.

J'ai vu dernièrement un malade de ce genre qui avait perdu le mot *maison*. Il lui était impossible de le retrouver. Il avait disparu complétement de sa mémoire, ou plutôt de son cerveau. La maladie le lui avait emporté, comme un voleur enlève le bijou d'un écrin. Ce pauvre homme, pressé par mes instances, avait beau faire tous ses efforts, il ne pouvait pas ressaisir ce mot, disparu de son répertoire.

Je voulais lui faire dire : « *J'habite une jolie maison.* » Il répétait parfaitement : « *J'habite une jolie...* » Puis il s'arrêtait en balbutiant ; mais, pour me faire voir qu'il comprenait, il me montrait à travers la croisée une des *maisons* voisines.

Il est d'autres malades qui ne perdent pas un mot tout entier, mais seulement une *lettre.* Quand ils la recontrent en parlant, ils la *mangent,* comme on dit vulgairement ; mais elle ne retourne pas pour cela se caser dans leur cerveau. Ces phénomènes, d'ailleurs assez rares, ont été désignés sous le nom d'*aphasie.*

Il est temps cependant que nous parlions du sens de l'*odorat* dont le siége n'est guère éloigné de la circonvolution de la parole. Le cerveau perçoit les *odeurs* par l'intermédiaire de deux nerfs, appelés *nerfs olfactifs,* qui pénètrent dans le nez par une foule de petits trous percés à travers l'*os ethmoïde,* à la partie antérieure de la base du crâne.

Ces nerfs se répandent dans la membrane *pituitaire,* qui tapisse les fosses nasales et qui sécrète, comme toutes les muqueuses, le *mucus* gluant qui vous fait tant enrager quand vous avez un *coryza.* Mais il ne faut pas croire, comme on le dit ordinairement, que ce mucus vienne du cerveau. Les trous qui font communiquer le nez avec le crâne sont très-étroits, et les nerfs olfactifs qui les traversent, les bouchent complètement.

Les émanations des corps odorants sont arrêtées par le mucus lorsqu'elles ont pénétré dans les fosses nasales. Alors les nerfs olfactifs sous-jacents les apprécient, les jugent, les goûtent pour ainsi dire, et transmettent au cerveau l'impression qu'ils ressentent.

Ils ne fonctionnent jamais mieux qu'au moment où vous prenez vos aliments. Si ces derniers n'offusquent point vos nerfs olfactifs, le cerveau donne un laisser passer, et vous ouvrez la bouche ; sinon vous repoussez le morceau, et dans le cas où son odeur irrite la muqueuse, vous éternuez fortement, afin d'en détacher fortement toutes les émanations qui pourraient s'y être fixées.

— Dieu vous bénisse !... conclut M. Bardane ; et le docteur souriant à cette interruption malicieuse, remit à la semaine suivante la suite de l'entretien.

XII.

— Nous avons au dessous du front, de chaque
côté de la racine du nez, continua M. Molène, deux
petits globes brillants, d'une structure admirable,
auxquels nous attachons plus de prix qu'à la plus
grande fortune, et que nous appelons les *yeux*.

Ce sont les yeux qui nous font voir.

Quelle agréable et précieuse faculté que celle de
la vue!... Comme toutes les autres sont bien au
dessous d'elle, quand on ne considère que le charme
et le plaisir qu'elles nous procurent!... Quoi de
plus beau que de jouir des splendides tableaux que la
nature nous présente?... Le spectacle d'une ravis-
sante campagne éclairée par le soleil du printemps,
la contemplation des cieux, de la mer, d'une fleur,

d'un papillon qui voltige au dessus d'une haie fleurie, voilà de délicieuses jouissances que la vue nous permet de goûter, mais que nous n'apprécions guère, parce qu'elles s'offrent trop souvent à nos regards.

Est-il une joie comparable à celle du malheureux, qui, longtemps privé de la vue, revoit tout à coup la lumière ?...

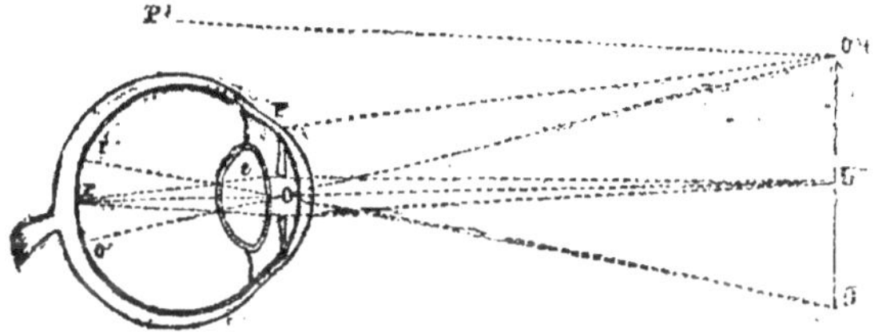

Fig. 36. — Coupe théorique de l'œil. — Marche des rayons lumineux [1].

L'œil est un organe d'une délicatesse et d'une perfection achevées.

Logé dans la cavité osseuse de *l'orbite*, qui le maintient et le protége, il y repose sur un coussinet de tissu cellulaire, comme un pacha sur un divan, et possède à son service six esclaves, c'est-à-dire six muscles qui l'environnent, le tournent à droite à gauche, en haut, en bas, et lui font accomplir enfin tous les mouvements qu'il désire exécuter. Ces

[1] e. Cristallin. — O. B. L. Objet remarqué. — P. P' o' r l'. Rayons lumineux.

muscles sont animés par des nerfs spéciaux venus de la base du cerveau.

— Et si l'un tire plus que l'autre ? demanda M. Martin.

— En ce cas, il fait *loucher* l'œil comme vous devez le comprendre.

— Je m'en doutais! s'écria le marguillier ravi d'avoir deviné ce facile problème :

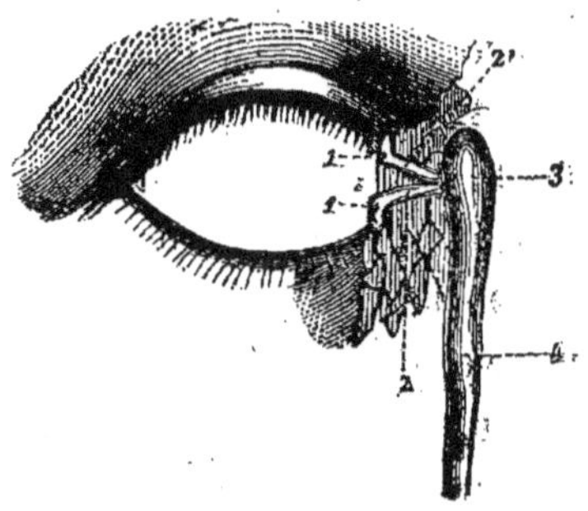

Fig. 37. — Voies lacrymales [1].

— Au devant de l'œil, poursuivit le docteur, se trouvent les *paupières*, voiles membraneux bordés de *cils*, et destinés non-seulement à défendre la partie antérieure du globe oculaire, mais encore à étendre sur elle les *larmes* sécrétées par la *glande lacrymale*.

Les larmes baignent constamment la surface de l'œil qui se dessécherait sans cette humidité bien-

[1] 1. 1. Points lacrymaux. — 2. 2. Conduits lacrymaux. — 3. 4. Canal nasal.

faisante; et quand leur rôle est terminé, elles passent dans le *canal nasal* par deux petits tubes placés à l'angle interne de l'œil, et nommés *conduits lacrymaux*. Ce n'est que lorsque nous sommes affectés par une émotion vive, que, sécrétées en plus grande abondance, elles franchissent les paupières et s'épanchent sur les joues.

Le *globe oculaire* a la forme d'une boule un peu proéminente en avant. Il se compose d'abord d'une enveloppe blanche, très résistante, que l'on appelle la *sclérotique,* et que nous désignons habituellement sous le nom de *blanc de l'œil.*

Au devant de la sclérotique, se trouve la *cornée transparente*, enchâssée dans la membrane blanche, comme un verre dans le cadre d'une montre.

Une muqueuse, la *conjonctive*, qui tapisse la surface inférieure des paupières, recouvre aussi la cornée et la portion de sclérotique qui l'environne.

Voilà pour la coque de l'œil ; mais le dedans de la boule est autrement compliqué que le dehors. Pour en avoir une bonne idée, figurez-vous une chambre sphérique tendue de noir ; cette tapisserie noire qui sert de doublure à la sclérotique se nomme la *choroïde.* Supposez que la chambre dont nous parlons soit éclairée par une seule fenêtre correspondant précisément à la cornée transparente. Le jour entrant par cette fenêtre tombera sur le mur du fond de la chambre, et c'est présisément ce qui se passe dans l'intérieur du globe oculaire.

Mais ce n'est pas tout. Derrière la fenêtre se trouve un rideau, l'*iris* que vous apercevez de l'extérieur à travers la vitre, et dont vous pouvez apprécier la couleur. Il est, en général, bleu chez les blonds, noir chez les bruns et grisâtre chez les châtains ; mais vous savez combien les brunes sont heureuses quand, par un privilége de la nature, elles ont des yeux, j'allais dire des rideaux d'azur.

— Ah ! soupira tristement M. Bardane, nous en connûmes jadis de ces jolis yeux bleus !

Le docteur sourit à ce souvenir de jeunesse ; mais sans s'interrompre : l'iris, ajouta-t-il, est percé d'un trou, la *pupille*, à sa partie centrale, et c'est par là que pénètrent dans la chambre, les rayons lumineux. Chose admirable ! ce trou s'agrandit ou se rétrécit au besoin, selon que le jour est sombre ou très-clair, afin que l'œil reçoive dans le premier cas assez de lumière, et qu'il n'en reçoive pas trop dans le second.

Au delà de l'iris, vis-à-vis la pupille, est placé le *cristallin*, véritable lentille, transparente comme du verre, et servant à concentrer la lumière sur le fond de l'œil. Ce petit organe n'a cependant pas autant d'importance que vous pourriez le croire. C'est lui qui s'obscurcit et se voile dans la maladie dont vous avez entendu parler sous le nom de *cataracte*, et quand, pour guérir celle-ci, le médecin enlève le cristallin, le malade recouvre aussitôt la vue.

Quoi qu'il en soit, les anatomistes regardent la lentille cristalline comme une sorte de cloison transparente, divisant la cavité oculaire en deux compartiments : le premier, appelé *chambre anté-rieure*, est rempli par l'*humeur aqueuse*; le second, postérieur au cristallin, est occupé par une sorte de gelée parfaitement translucide, nommée l'*humeur vitrée*.

Celle-ci s'adosse contre le fond de l'œil et s'appuie sur l'épanouissement blanchâtre du *nerf optique*. Cette expansion du nerf de la vision est la *rétine*, et c'est sur elle que viennent, à travers tous les milieux de l'œil, se peindre les différents objets que nous embrassons du regard.

Le docteur achevait à peine de parler que M. Verdier, toujours prêt à la riposte, hasardait une comparaison.

— Je crois, dit-il, que l'œil, tel que vous venez de le décrire, ressemble fort à un appareil de photographie. La partie essentielle, la rétine n'est autre chose, après tout, que la plaque de verre dépoli sur laquelle vient se produire le paysage ou la personne que l'on veut photographier. Le cristallin est l'analogue de la lentille de verre qui forme l'objectif, et l'iris représente le diaphragme précédant la lentille objective. N'est-il pas vrai ?...

— Vous avez parfaitement raison, monsieur Verdier, répondit le docteur ; et votre comparaison est à la fois trop juste et trop commode, pour que je ne me hâte point de la mettre à profit.

Si vous êtes jamais allé chez un photographe, vous avez dû remarquer avec quels soins ils braquait sur vous son objectif, afin que votre image se reproduisît avec la plus grande netteté possible sur le verre dépoli placé à la partie postérieure de la chambre noire ?

— Dieu merci ! s'écria M. Bardane, il est de ces artistes qui vous tiennent dix mortelles minutes cloués en face de leur appareil, avant de prononcer le formidable : *Ne bougez plus !*

— En termes du métier, cela s'appelle *mettre au point*, et l'on obtient la pureté parfaite de l'image, en allongeant ou raccourcissant l'appareil au moyen d'une coulisse; aussi les chambres noires photographiques ont-elles, dans ce but, des parois à soufflet, comme les accordéons.

Eh bien ! pour que notre rétine, qui est à l'œil ce que la plaque dépolie est à l'appareil photographique, reçoive, elle aussi, des images très-nettes, il faut nécessairement que le globe de l'œil s'allonge ou se raccourcisse comme la chambre noire, suivant la distance des objets. Il faut, en un mot, qu'il *mette au point*.

Il n'y manque pas, ayant à son service, pour cet

usage, un artiste fort habile qu'on appelle le *muscle ciliaire*. Ce brave garçon *opère lui-même*, et ne nous fait pas payer plus cher pour ça. Placé dans l'intérieur même du globe oculaire, il forme tout autour du cristallin, un anneau semblable à un mince ruban rose, collé à plat sur les membranes qui forment la coque de l'œil.

Ce petit muscle si important a donné beaucoup de peine aux anatomistes qui tenaient à le découvrir, et plusieurs savants ont perdu leurs yeux à le chercher dans les yeux des autres.

Il n'est pas moins vrai qu'il existe, et, qu'à tous moments, il travaille à nous faire voir clair.

La fonction qu'il accomplit se nomme l'*accommodation*, et si je puis vous prouver l'existence de cette fonction, vous ne douterez pas, j'aime à le croire, de celle du fonctionnaire. A l'œuvre on connaît l'artisan.

L'accommodation n'est autre que la *mise au point* d'un objet sur la rétine.

La preuve, c'est que si vous regardez deux objets placés devant vous, sur la même ligne, mais à une certaine distance l'un de l'autre, le premier vous paraîtra très-vague et très-brouillé quand vous fixerez le second, et réciproquement. Votre œil ne peut *s'accommoder* que pour un seul des deux objets à la fois.

Il est, du reste, très-facile de faire cette expérience. Fixez une épingle à chaque extrémité d'une règle bien droite, regardez chacune d'elles alternativement, et le phénomène que je viens de vous décrire se réalisera.

—Et comment se fait-il, objecta M. Bardane, que nous ne voyions pas *double* le même objet puisque nous avons deux yeux ?...

— Parce que, reprit le docteur, les *axes* des deux yeux étant dans le même plan et la même direction

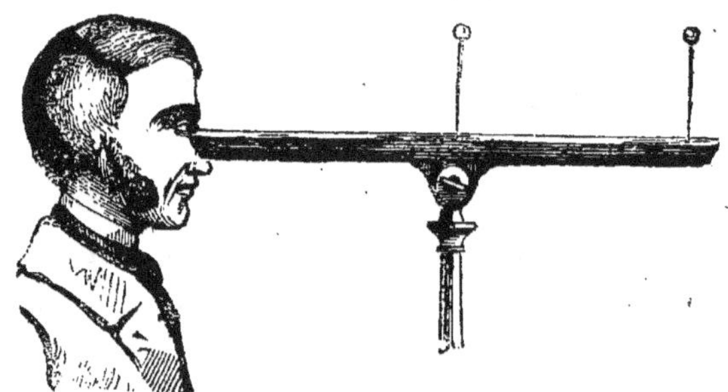

Fig. 38. — L'expérience des épingles.

quand nous regardons un objet, il s'ensuit que l'image de celui-ci va se former à la même place sur la rétine droite et sur la rétine gauche ; auquel cas l'impression est perçue par le même point du cerveau.

L'expérience des deux épingles peut encore vous le prouver. Celle vers laquelle vos yeux convergent, se *peint* en un point identique, sur les deux rétines, et vous la voyez nettement et *simplement*. Mais l'autre épingle n'occupant pas le sommet de l'angle formé par les rayons visuels, son image va se former sur les rétines, à des points qui ne sont pas identiques, et votre cerveau perçoit alors la sensation de *deux images*. Il voit cette épingle *double*.

Le même fait se produira, si, lorsque vous regardez fixement un objet, vous pressez un de vos yeux avec le doigt. Cet œil n'est plus alors dans la même direction que l'autre ; il perçoit une image pour son propre compte, pendant que son voisin en perçoit une pour le sien, et naturellement vous en voyez deux. Cela vous explique bien aussi, pourquoi les personnes qui louchent, c'est-à-dire qui sont atteintes de *strabisme*, voient doubles tous les objets. Leurs axes optiques ne sont plus dans le même plan ; leurs yeux au lieu d'être associés, et de fonctionner ensemble, ont séparé leurs intérêts, et travaillent à part. Cela tracasse bien un peu le cerveau, qui de la sorte se trouve fort embarrassé dans sa comptabilité ; mais il n'est pas assez puissant pour réconcilier les deux boudeurs qui lui donnent double besogne.

Les objets qui frappent notre vue ne *s'impriment* pas sur la rétine comme vous pourriez le croire. Les rayons lumineux, qu'ils émettent, déterminent seulement une sorte de vibration, d'ébranlement moléculaire, qui par l'intermédiaire des nerfs optiques est transmis au cerveau.

Cependant, la rétine conserve quelquefois long-temps l'impression qu'elle a reçue, de même qu'une lame d'acier, serrée par une de ses extrémités dans le mors d'un étau, vibre longtemps encore, après une première impulsion. La durée de l'impression est en rapport avec l'éclat de l'objet. Si, après avoir levé les yeux vers le soleil, vous les refermez tout à coup, vous continuerez à voir dans l'ombre le disque étincelant ; et cette impression vive ne s'effacera qu'avec lenteur. Il ne faut pas s'imaginer, toutefois, que l'impression produite par un objet sur la rétine soit saisissable et permanente comme on a voulu le faire croire il y a quelque temps. Toutes ces histoires d'assassins dont on aurait retrouvé les portraits sur la rétine de leurs victimes, sont de pures plaisanteries qui ont dû naître de l'analogie que présente l'œil avec un appareil photographique.

La rétine est un miroir qui n'a pas conscience de ce qu'il reflète. Elle reçoit les images et c'est le cerveau qui voit.

Lorsque vous vous trouvez, par exemple, dans un wagon arrêté sous une gare, et qu'un autre train vient à passer à côté de vous, ne vous semble-t-il pas que c'est ce train qui s'arrête et le vôtre qui marche?... Eh bien votre rétine se trompe et n'apprécie pas ce qu'elle voit. Vous avez une *illusion d'optique*, comme on dit, et ce n'est qu'avec de l'attention et de la réflexion que vous constatez la marche de l'autre train et l'arrêt de celui qui vous porte.

La rétine présente encore une autre particularité, qui a été l'objet de bien des controverses de la part des savants et des philosophes, et qui n'a pas encore reçu d'explication suffisante. C'est la *position renversée* des objets qui l'impressionnent.

Ainsi, vous me voyez maintenant *droit* et *debout* devant vous, et cependant mon image, dans votre rétine a la tête en bas et les pieds en haut.

— Diantre ! fit le sceptique M. Verdier comment se fait-il donc que nous la voyons droite ?

— Voilà le mystère. On a beaucoup cherché dans les divers milieux du globe de l'œil, et dans la rétine elle-même, la solution du problème ; je crois qu'on a eu tort. Moi, qui ne suis ni bien savant ni bien philosophe, j'attribuerais volontiers à la sagesse du cerveau tout l'honneur du redressement des images.

Mais nous n'en finirions pas, si nous voulions étudier dans tous ses détails cet organe gros comme une petite prune et que nous appelons l'œil.

Je veux vous dire, en terminant son histoire, que le nerf optique et la rétine, jouissant d'une fonction spéciale, la vision, sont dépourvus de sensibilité. Ils ne connaissent pas la douleur. Mais la rétine, outre qu'elle est sensible à la lumière, est aussi lumineuse par elle-même quand elle est excitée. Si vous vous comprimez le globe de l'œil, vous voyez du côté opposé à la pression, un cercle de feu émané de la rétine. C'est ce que l'on nomme un *phosphène*. Quand on reçoit un violent coup sur l'œil, le phosphène est très-éblouissant, et c'est probablement ce qui a donné lieu à la locution *voir trente-six chandelles !...*

XIII

M. Molène, au début de la séance suivante, prit
un singulier air de mystère avant de commencer
son entretien :

— Nous allons nous occuper aujourd'hui, fit-il,
avec une pointe de malice, de cette curieuse commère qui rapporte au cerveau tout ce qui se dit
et tout ce qui se raconte autour de nous, de cette
espiègle toujours ouverte aux moindres bruits et
aux plus légers propos, de l'oreille, enfin, pour
l'appeler par son nom.

L'*oreille*, mes chers amis, ne consiste pas seulement dans cette expansion cartilagineuse et irrégu-
lière que l'on tire habituellement aux enfants qui
ont commis des sottises.

Ce n'est là que la grande entrée d'un vaste établissement ; qu'un entonnoir destiné à ramasser les *sons* pour les conduire à la véritable oreille logée dans l'intérieur d'un os du crâne, tellement dur, qu'on l'appelle le *rocher*.

Cet entonnoir se nomme le *pavillon* de l'oreille. L'orifice qui l'environne se continue avec un conduit qui n'est autre chose que le tube de l'entonnoir, et que l'on appelle le *conduit auditif externe*.

— Nous avons alors, tout simplement, de chaque côté de la tête, demanda M. Bardane, un *cornet acoustique* comme en ont à leurs portes les gens riches qui craignent les voleurs ?

— Absolument ; mais, après l'entonnoir vient l'oreille ; la commère qui écoute, qui entend et qui apprécie les sons.

Celle-ci se compose d'abord de la *membrane du tympan*, tendue à l'extrémité du conduit auditif, comme la peau d'un tambour, ou comme un disque de baudruche aux deux bouts d'un mirliton.

Le tympan fonctionne du reste à peu près comme cet instrument. Il vibre comme un carreau de vitre quand une voiture passe dans la rue, et transmet ses vibrations à d'autres organes, qui les font à leur tour fidèlement parvenir au *nerf auditif*, placé comme tout grand personnage qui se respecte, dans la chambre la plus inaccessible de l'établissement.

C'est vous dire qu'au delà du tympan se trouve

une petite pièce où sont logés les garçons de bureau
qui reçoivent les vibrations tympaniques pour les
transmettre au sous-chef, qui les transmettra au
chef, qui les transmettra au ministre.

— Dieu merci ! nous connaissons cette filière-là,

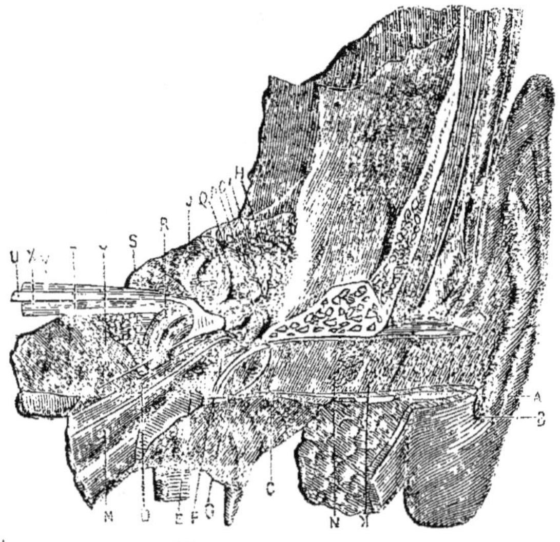

Fig. 39. — L'oreille [1].

s'écria l'instituteur, et si les fonctionnaires de l'o-
reille font leur service comme ceux du ministère...

Ne calomniez pas la nature ! interrompit vivement
le docteur ; vous apprécierez et comparerez tout à
l'heure.

[1] A. B. C. K. N. Conduit auditif externe. — D. M. Trompe
d'Eustache. — E. F. Caisse du tympan. — G. Membrane du
tympan. — H. Rocher. — I. J. O. Q. Canaux demi-circulaires. — P. Osselets. — R. Limaçon. — S. T. U. V. X. Y.
Nerf acoustique et ses ramifications.

L'antichambre, dont je vous parle, se nomme la *caisse du tympan*. On y trouve un petit conduit qui va s'ouvrir dans la gorge, au niveau de l'ouverture postérieure des fosses nasales et que l'on appelle la *trompe d'Eustache*, du nom de l'anatomiste qui l'a découvert.

Les garçons de bureau sont nombreux pour ne pas faire grand'chose, — comme partout. — Ce sont de petits osselets appuyés l'un contre l'autre, et nommés d'après leur forme *le marteau*, *l'enclume*, *l'os lenticulaire* et *l'étrier*. Le marteau communique par son manche avec la membrane du tympan ; et l'étrier a constamment la tête engagée dans le guichet du cabinet du sous-chef.

Ce guichet porte en anatomie le nom de *fenêtre ronde*.

Voici pourtant que nous approchons des hauts fonctionnaires.

Le cabinet du sous-chef s'appelle le *vestibule*. Toutes les portes et tous les corridors, conduisant dans les autres appartements, s'ouvrent dans son intérieur où deux personnages habitent. Ces derniers ont la forme de deux petites poches, et sont remplis d'une poussière blanche très-fine, que Breschet a décrite sous le nom d'*otoconie*. Ces personnages, baignés eux-mêmes dans un liquide appelé l'*humeur de Cotugno*, sont le *saccule*, le *petit sac*, que l'on peut considérer comme un employé à douze cents francs, une sorte de secrétaire ; et l'*utricule*, la *petite outre*, bien plus important, qui doit être regardé comme le sous-chef.

Après le vestibule viennent enfin les derniers appartements, occupés par le chef et le ministre, c'est-à-dire par les *canaux demi-circulaires membraneux* et le *nerf auditif.*

Les premiers, logés dans des canaux demi-circulaires creusés dans l'os, sont plongés comme l'utri-

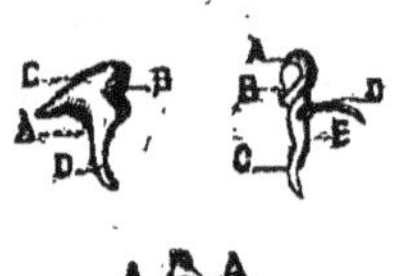

Fig. 40. — Les osselets de l'ouïe [1].

cule et le saccule dans le liquide de Cotugno. Le nerf répand sur eux quelques-uns de ses filets , et envoie les autres dans la dernière chambre de l'établissement. Celle-ci, creusée en spirale dans le tissu osseux, est naturellement la plus spacieuse et la plus belle de toutes, et se nomme le *limaçon.* C'est là que le *nerf auditif,* — le ministre — nonchalamment étendu sur une membrane d'une exquise délicatesse, perçoit les vibrations sonores que lui font parvenir ses nombreux employés ; il les reconnaît et les ap-

[1] A. A. L'étrier. — A. B. C. Corps de l'enclume. — D. Son pied. — A. B. Tête du marteau. — C. E. Son manche. — D. Son apophyse.

précie , comme son collègue, le nerf optique, le fait pour les rayons lumineux ; et finalement il les transmet au chef suprême, le cerveau.

Après avoir écouté cette description de l'appareil auditif, M. Bardane étonné poussa une exclamation de surprise.

— Comment ! s'écria-t-il, lorsque nous entendons un bruit, un son quelconque, il passe à travers toute cette bureaucratie, avant d'arriver au cerveau ?...

— Eh oui, répondit le docteur, mais l'administration de l'ouïe est si bien organisée, que la transmission est immédiate, n'en déplaise à notre cher M. Verdier, et que vous ne vous doutez même pas de l'immense travail qui s'accomplit dans votre oreille. Rien ne traîne en route, rien ne se perd dans les bureaux. Tout ce que le pavillon reçoit, arrive au ministre ; et pas un des employés intermédiaires ne cherche à déguiser ou à dénaturer la vérité. Le ministre lui-même est intègre, et le souverain entend tout ce qui vient du dehors aussi clairement que s'il écoutait à la porte.

Sons harmonieux ou discordants, mélodies ou cacophonies, éclats de rire ou sanglots, voix sincères ou trompeuses, éloges ou injures, tout ce qui chante et tout ce qui pleure, il entend tout, absolument tout, et ne s'en fâche point.

— C'est bien là, vous le voyez, une administration modèle, et l'on a bien raison de plaindre non-seulement les sourds, mais aussi les gens qui ont l'oreille un peu dure !....

— Hélas ! repartit amèrement M. Verdier, les pires sourds sont ceux qui ne veulent pas entendre, et c'est nous qui sommes à plaindre quand nous nous adressons à ceux-là...

— Sans doute, répliqua le docteur, mais les fonctionnaires du corps humain n'ayant point à faire du zèle, ni de protégés à favoriser, ne connaissent que leur devoir et le remplissent d'autant mieux qu'ils sont plus chargés de besogne.

Nous en avons déjà vu de nombreux exemples, dont vous devez vous souvenir, mais le plus probant de tous nous est fourni par la *langue*, cette importante travailleuse, à qui nous sommes redevables de tant de services éminents.

Nous l'avons vue jadis, meunière laborieuse, donner tous ses soins à la parfaite mouture de l'aliment sous les molaires ; nous la verrons bientôt, présidant à de plus nobles fonctions, articuler et façonner pour ainsi dire, les sons bruts et grossiers sortis du larynx pour en faire le plus charmant des instruments de relation, la *parole*.

Aujourd'hui nous l'étudierons encore dans ses rapports avec l'aliment : non plus toutefois comme meunière, mais comme dégustatrice ; en un mot, comme organe du *goût*.

— Ah ! ah ! fit M. Martin plus attentif, j'aime assez ça... la dégustation !..

— La langue, continua M. Molène, doit les propriétés qu'elle possède, aux nombreux filets nerveux que lui fournissent le *nerf lingual* et le nerf *glosso-pharyngien*. Un autre nerf, l'*hypoglosse*, lui est bien aussi tout entier destiné ; mais ce dernier n'a rien à démêler avec les deux autres. C'est lui qui donne le mouvement à la langue ; qui lui permet de se remuer, d'aller et de venir en tous sens ; mais il n'entend rien au contrôle, il laisserait passer, sans crier gare, les substances les plus amères ou les plus salées ; il est l'homme de peine de la maison, et voilà tout. Les orateurs seuls lui doivent de la reconnaissance ; mais les gourmets peuvent le mépriser.

Les nerfs lingual et glosso-pharyngien ont donc seuls reçu la mission de constater et d'apprécier la saveur de l'aliment que son air plus ou moins appétissant nous a fait porter à la bouche. Mais la langue n'est pas apte à cette constatation sur tous les points de sa surface.

Sa pointe, ses bords, et sa base surtout, sont plus spécialement habiles à la dégustation ; car c'est dans ces parties-là que les nerfs sont plus nombreux et plus superficiels ; et c'est là par conséquent que se trouvent le plus grand nombre de *papilles*. Vous pourrez voir aisément celles-ci en tirant la langue devant un miroir. Ce sont de petites élevures qui font ressembler la langue à une peau dechagrin, et dans lesquelles viennent aboutir les filets nerveux.

Pour bien goûter un aliment, il ne s'agit pas de l'enfoncer brusquement et de l'avaler bien vite. La langue n'a pas alors le temps de l'apprécier, et il

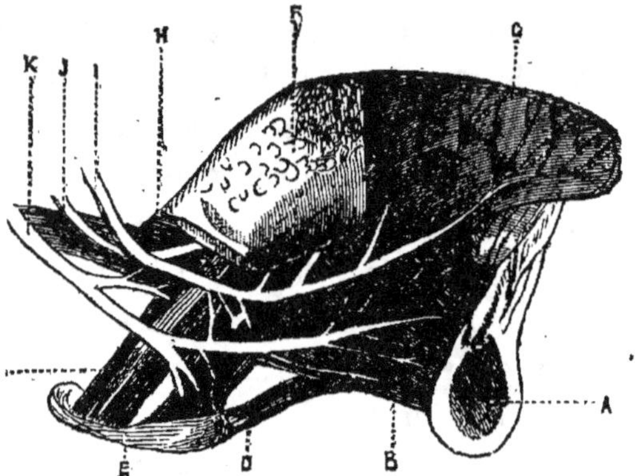

Fig. 41. — Les nerfs de la langue [1].

faut toujours un certain temps pour reconnaître une saveur. On peut dire que, de tous nos sens, celui du goût est le plus paresseux. Il n'aime pas qu'on le presse dans sa besogne. Que le goinfre mange avec gloutonnerie, et qu'il avale sans donner à la langue le temps de juger la saveur de l'aliment, tant pis pour lui, cela le regarde. Ce n'est pas le gourmet

[1] A. Os maxillaire. — B. C. D. E. F. G. H. La langue et ses muscles. — 1. Nerf lingual. — J. Nerf glosso-pharyngien. — K. Nerf hypoglosse.

qui l'imitera jamais. Il n'est pas si bête ; il ne se gorge pas de nourriture pour le plaisir de s'empiffrer. Comme il connaît bien les voluptés de la gustation ! comme il sait bien s'y prendre pour les élever jusqu'au paroxysme !... Voyez le mâcher soigneusement le morceau finement coupé qu'il a mis dans sa bouche. Il l'imprègne, il l'humecte, il l'imbibe de salive, afin que toutes ses parties sapides s'y dissolvent ; il le promène et le roule d'arrière en avant, et de droite à gauche ; il l'appuie fortement contre le palais, afin que ses papilles linguales s'appliquent bien contre lui, et après une minute de suprême jouissance, il avale ce délicieux morceau, dont il regretterait à jamais la déglutition, s'il n'en tenait un second au bout de la fourchette !... Quelquefois, un léger claquement se fait entendre; c'est la langue qui, se détachant du palais, exprime à sa manière son contentement.

— Eh mais, docteur, vous me faites venir l'eau à la bouche, exclama le marguillier.

— Ce n'est pourtant pas la langue qui apprécie les saveurs les plus délicates et les plus subtiles. Son cousin, le nez, en est spécialement chargé. Le goût ne reconnaît que quatre qualités des aliments : l'*amer*, le *sucré*, l'*acide* et le *salé*. L'arôme des mets succulents et le bouquet des vins fameux sont perçus par l'odorat. Cela est si vrai, que si l'on vous faisait manger, après vous avoir bouché le nez, et bandé

les yeux, vous ne connaîtriez ni l'espèce, ni la qualité
de la viande que l'on vous servirait ; vous prendriez
aisément l'huile de noix pour de l'huile d'olive, et
vous ne trouveriez pas la moindre différence entre
le jeune Suresnes et le vieux Château-Margaux. Vous
avez dû remarquer combien le goût est obtus durant

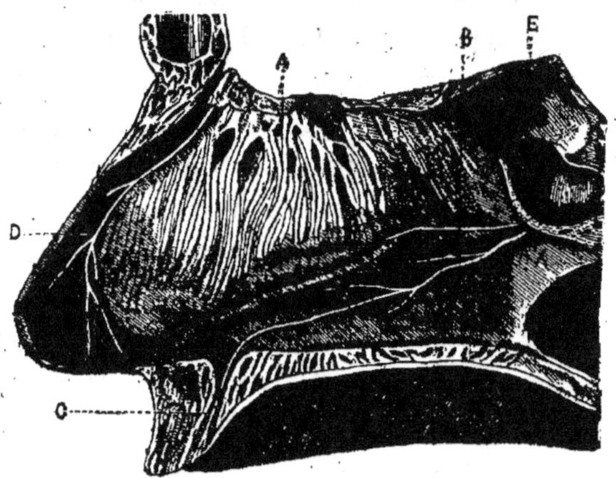

Fig. 42. — Les nerfs de l'odorat [1].

un coryza ; cela vous prouve bien que le nez s'intéresse considérablement à ce que vous mangez. Et
cependant, le pauvre garçon n'a pas la plus belle
part en cette affaire. C'est lui qui flaire, qui juge,
qui vérifie, et c'est la bouche qui croque. Il ressemble à ces mendiants qui vont manger leur pain sec
derrière les vitres d'une cuisine de restaurant. Ils

[1] A. Pinceaux du nerf olfactif. — B. Nerf sphéno-palatin.
— C. Son passage à travers le canal palatin. — D. Nerf
ethmoïdal.

reconnaissent fort bien que les mets qu'on apprête doivent être exquis, mais ils sont perpétuellement écartés de la table d'hôte. Puisse la similitude de leur position avec celle du nez leur procurer quelque consolation !... On souffre moins quand on sait que d'autres partagent vos souffrances !...

Le docteur terminait ainsi son entretien, quand M. Bardane prit la parole.

— Je voudrais bien savoir, demanda cet homme sensé, si lorsque je me brûle en prenant mon potage, ce sont les nerfs du goût qui perçoivent cette douloureuse sensation ?...

— Nullement, répondit le docteur. Les nerfs du goût ne sont faits que pour percevoir les saveurs. La chaleur et le froid sont reconnus, dans la bouche comme partout ailleurs, par les *nerfs sensitifs*, qui se distribuent à la peau et aux muqueuses, et que nous étudierons la semaine prochaine en faisant l'histoire du *toucher*.

XIV.

Pour terminer l'étude des organes des sens, reprit le docteur, il nous reste à faire, mes chers amis, l'histoire de cette membrane élastique, appliquée sur notre corps tout entier comme un vêtement collant, et nommée la *peau*.

La peau est l'organe du *toucher*.

Elle nous protége de toutes parts, et nous avertit constamment de la présence des objets qui se mettent en contact avec elle.

Si vous essayez de pincer la peau qui recouvre le dos de votre main, vous pourrez facilement vous rendre compte de sa souplesse, de son épaisseur, de sa résistance et de sa mobilité.

Quelque mince qu'elle vous paraisse, la peau se compose cependant de trois couches superposées que l'on nomme, en les énumérant de l'extérieur vers l'intérieur : l'*épiderme*, le *pigment* et le *derme*.

Vous avez dû remarquer quelquefois, dans de profondes tranchées creusées par des terrassiers, des couches de terrains de couleur différente. Sou-

Fig. 43. — Type blanc. — Européen.

vent, par exemple, vous avez dû voir un lit de marne ou d'argile enclavé entre une couche de terre et une assise de rocher. Eh bien, la structure de la peau est tout à fait semblable à celle du sol en cette circonstance. La couche de terre représente l'épiderme; l'argile, le pigment ; et le rocher, le derme.

Cette dernière couche est la plus épaisse et la plus importante des trois. Elle est composée de fibres horizontales qui ne présentent rien de particulier ; mais elle renferme les organes qui donnent à la peau ses propriétés, et les vaisseaux qui la nourrissent.

Nous y reviendrons plus tard ; nous devons parler avant tout de l'épiderme et du pigment.

Le pigment n'est autre chose qu'une couche de substance colorante étendue comme avec un pinceau à la surface du derme ; et cette couleur varie avec les différentes races humaines.

La nature a badigeonné pour ainsi dire les divers peuples à sa fantaisie, pour les distinguer entre eux.

— Comme on marque les moutons ? fit M. Bardane.

— Comme on marque les moutons. Les blancs, auxquels nous avons l'honneur d'appartenir, ont été peints de couleur de chair ; les Chinois et les peuples de l'extrême Orient ont été barbouillés au jaune d'œuf ; les nègres d'Afrique ont été brossés au noir d'ivoire. On trouve çà et là de braves gens qui ont échappé au coup de pinceau, et dont la peau est tout à fait incolore. Ils ont les cheveux blancs, et leurs yeux se fatiguent promptement à la lumière. Ce sont les *albinos*.

— C'est-à-dire l'opposé des nègres !... observa le marguillier.

—Tout juste, reprit le docteur. Et ces irrégularités de coloration vous expliquent aussi comment les brunes diffèrent des blondes. Chez celles-ci le pigment est un peu moins foncé que chez celles-là...

— C'est bien la peine d'avoir un caprice ! murmura M. Verdier.

— Quant à l'intensité du coloris, continua M. Molène, elle est due à l'éclat de la lumière, plutôt

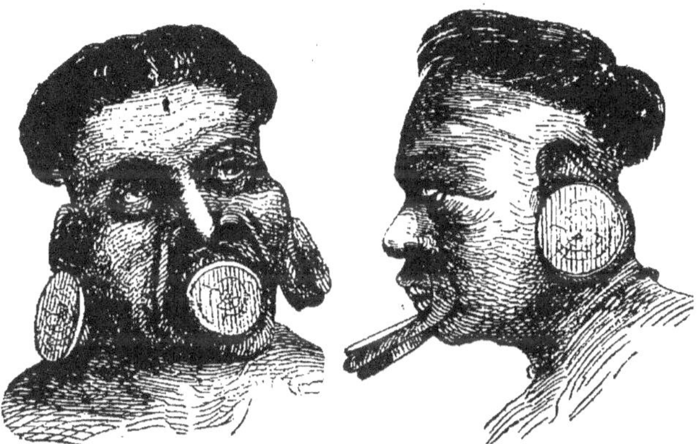

Fig. 44. — Type cuivré. — Les Botocoudos.

qu'à la chaleur du soleil. C'est si vrai, que les habitants des régions boréales, éblouis pendant six mois de l'année par le reflet du soleil sur la neige, sont tout à fait bruns, tandis que les peuples des pays brumeux sont généralement pâles et blonds.

Mais les personnes blondes se colorent d'une manière très-sensible après une exposition prolongée au soleil. Quand nos soldats reviennent d'Afrique, ils ont le teint basané, et, dans nos climats, la vive lumière de l'été suffit à donner naissance chez un grand nombre de personnes à de petites taches que l'on appelle *taches de rousseur*.

Le nature cependant, comme tous les peintres, barbouille quelquefois ; et il lui arrive de faire sur quelques individus des pâtés d'encre, aussi bien

Fig. 45. — Type nègre. — Africain.

que l'écolier, sur le papier qu'il griffonne. Quand ces individus, ainsi marqués, viennent au monde, les parents étonnés cherchent à voir dans la tache une forme quelconque, et lui donnent comme aux tumeurs vasculaires, dont nous avons déjà parlé, le nom absurde d'*envie*. Ils l'attribuent à un désir non satisfait de la mère pendant la grossesse ; et celle-ci s'imagine souvent qu'elle a été la cause d'un accident auquel elle est, en réalité, complètement étrangère.

Mais il est temps d'en finir avec le pigment, pour nous occuper un peu de l'épiderme.

Celui-ci recouvre la partie pigmentaire absolument comme un vernis protége les couleurs d'un tableau. C'est une couche transparente et dépourvue de sensibilité, qui défend les parties sensibles du derme. Sans elle, le simple contact des corps serait intolérable, et le sens du toucher beaucoup trop exagéré. On ne pourrait saisir un objet quelconque qu'au prix des plus vives souffrances, et il serait presque impossible de le tenir dans la main.

— Eh parbleu ! fit M. Bardane, on peut se rendre compte de cela quand on se fait au doigt une écorchure...

— Oui, reprit le docteur, en ce cas, en effet, le derme étant mis à nu, apprécie très-vivement le contact des objets, et cette sensation est si prononcée qu'elle devient une douleur.

C'est vous dire que le derme est la partie essentielle de la peau. On y trouve à la fois, en effet : les *papilles nerveuses*, qui sont spécialement l'organe du toucher ; les *vaisseaux capillaires*, qui nourrissent les vaisseaux cutanés ; les glandes pelotonnées, qui sécrètent la sueur, et de nombreux *follicules*, dont les uns produisent une substance grasse nommée *matière sébacée*, et dont les autres contiennent un poil ou un cheveu, plantés dans le follicule comme une tulipe dans un vase à fleurs.

Un grand naturaliste, Linné, disait que la nature n'était jamais plus belle que dans ses moindres créations.

Nous en trouvons la preuve dans ces milliers d'appareils microscopiques contenus dans la peau, qui fonctionnent tout aussi bien que les plus considérables organes de l'économie.

Tenez, regardez bien attentivement la paume de votre main ; et pour mieux voir ce qui s'y trouve, aidez-vous, si c'est possible, d'un verre grossissant...

Bon ! j'aperçois M. Bardane qui chausse ses besicles pour s'assurer de la vérité de ce que je vais dire... c'est pour le mieux.

Eh bien !... voyez-vous ?... votre main vous semble toute rugueuse, toute coupée de vallons, de crevasses ; vous la prendriez pour une carte en relief de la Suisse, si vous n'étiez pas sûr que c'est bien votre épiderme que vous avez sous les yeux...

Mais regardez plus attentivement encore.

Vous apercevez, même à l'œil nu, une multitude de sillons rangés les uns à côté des autres, flexueux, onduleux, et formant surtout à la pulpe des doigts des anses concentriques. Ces petites élévations parallèles sont dues aux *papilles nerveuses* qui soulèvent l'épiderme ; et, comme je vous l'ai déjà dit, ces papilles sont les véritables organes du *toucher*.

— Et naturellement, fit M. Bardane, elles sont plus nombreuses au bout des doigts où elles forment des bataillons serrés...

— Parfaitement ; dans ces papilles viennent aboutir et se terminer, en une sorte de petit peloton, des *nerfs sensitifs* fournis par la moelle épinière, et cette simple disposition constitue l'appareil merveilleux à l'aide duquel nous reconnaissons la forme et le volume des corps, leur température, et même, avec un peu d'exercice, leur couleur, comme quelques aveugles savent le faire.

— Et maintenant, reprit M. Bardane, qu'est-ce donc, s'il vous plaît, que ces petits trous dont je vois toute ma main parsemée ?...

— Ces petits trous, répondit le docteur, sont des cheminées...

— Des cheminées !...

— Oui, ce sont les cheminées d'une multitude de petites usines cachées dans le tissu cellulaire sous-dermique. Elles exhalent constamment de la vapeur d'eau, et cette vapeur condensée forme ce que nous appelons la *sueur*. Ces orifices, que vous apercevez à la surface de l'épiderme, sont la terminaison de ces glandes sudorifiques, qui consistent en un petit tube pelotonné à sa partie inférieure, et dont le conduit excréteur, flexueux et spiralé, traverse le derme, le pigment et l'épiderme, pour venir déboucher à la surface de la peau.

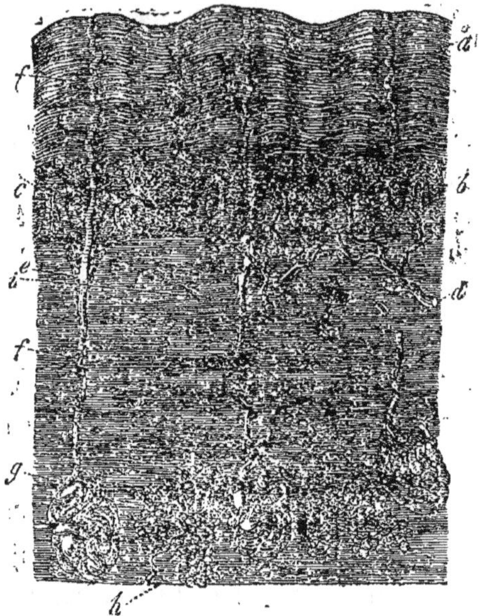

Fig. 46. — Structure de la peau [1].

Mais, outre les glandes de la sueur, la peau renferme encore un autre appareil glandulaire qui n'est pas moins intéressant.

Ce sont ces petits orifices si nombreux et si visibles autour du nez, qui, chez un grand nombre

[1] *a.* Épiderme. — *b.* Pigment. — *c.* Papilles du derme. — *d.* Vaisseaux. — *e. f. g.* Glandes de la sueur et leur conduit. — *h.* Tissu graisseux.

10.

de personnes, ont l'aspect d'un point parfaitement apparent.

— Je sais ! fit M. Bardane, quand on les presse on en fait sortir un petit ver...

— Oui, et c'est de là que vient la locution : *tirer les vers du nez* ; mais gardez-vous de croire que la substance blanchâtre contenue dans ces *follicules*, comme nous les appelons, soit vivante et organisée. Ce n'est pas autre chose qu'une sorte d'huile très-épaisse, destinée à donner de la souplesse à la peau, et nommée la *matière sébacée*. Les glandules qui la sécrètent n'ont pas la même forme que les glandes de la sueur. Elles consistent simplement en une petite poche enfoncée dans l'épaisseur du derme, et leur grandeur est très-variable suivant les diverses régions du corps. Très-volumineuses dans le conduit de l'oreille, elles y produisent cette substance jaune connue sous le nom de *cérumen*.

Je viens de vous dire qu'il ne faut pas prendre pour un ver la substance sébacée, mais il arrive que chez un grand nombre de personnes les follicules ont cependant des habitants...

— Oh ! oh ! fit M. Bardane effrayé, d'affreuses petites bêtes, sans doute ?

— Hélas ! oui !... d'affreuses petites bêtes, de la famille des araignées...

— C'est dégoûtant !...

— Comme vous dites ; mais seulement vu au mi-

croscope; car, à l'œil nu, ces êtres infiniment petits sont invisibles.

— C'est bien heureux; leur nom, s'il vous plaît?...

— Les *Demodex des follicules*. On les rencontre
chez les personnes des deux sexes, excepté chez les
très-jeunes enfants. Ils habitent de préférence les
follicules du nez et de l'oreille; et sur dix personnes, on trouve toujours trois ou quatre individus
très-riches en demodex.

— Voilà un genre de richesse que je n'apprécie
pas du tout.

— Ces animalcules sont d'ailleurs très-raison-
nables et ne taquinent pas trop les braves gens qui
les nourrissent. De temps en temps ils occasionnent
quelques démangeaisons, voilà tout. Les demodex
vivent en petites sociétés de quinze à dix-huit individus dans le même follicule, et se tiennent parfaitement tranquilles au milieu de la matière sébacée.

— Mais, vraiment, monsieur le docteur, est-on
parfaitement sûr de leur existence ?...

— On en doutait depuis longtemps, quand, un jour,
un savant professeur de notre Faculté fut assez
heureux pour voir, à l'aide d'un puissant microscope,
un mariage de demodex...

— Ces monstres-là se marient !...

— Avec un courage extraordinaire, monsieur
Bardane; et comme dans les contes de fées, ils ont
beaucoup d'enfants...

A ces mots M. Bardane, soupira profondément et se mit à loucher aussitôt pour regarder son pauvre nez fort tourmenté de savoir s'il logeait en réalité une légion de parasites.

Cependant M. Molène, pour terminer l'histoire de la peau abordait la description des *poils* et des *ongles* dont il faisait ressortir la grande analogie.

Et comme l'instituteur en était quelque peu surpris :

Ne vous récriez pas, continuait le docteur, sur leurs points de ressemblance. Les uns et les autres sont sécrétés par des organes spéciaux; ils sont parfaitement insensibles, et repoussent rapidement lorsqu'ils ont été coupés.

Cette conformité d'origine et d'existence suffit bien à leur constituer une certaine parenté; et vous verrez, à mesure que nous les étudierons, que les liens qui les unissent sont peut-être plus étroits que vous ne le pensez.

Commençons par les *poils,* qui chez l'homme prennent différents noms, selon les régions qu'ils occupent.

Sur la tête ils se nomment *cheveux ; — barbe* sur les joues et le menton ; *moustache* sur la lèvre supérieure ; *cils* et *sourcils* au bord des paupières et au dessus des yeux. Mais tous ces noms-là sont peu de chose pour l'anatomiste qui sait fort bien que par la naissance tous les poils sont égaux.

C'est une chose fort curieuse que la naissance de cette végétation filiforme destinée à orner et à pro-téger la peau.

Étudions par exemple, le développement d'un cheveu.

Eh bien, le cheveu, qu'il soit blond, brun ou blanc ; qu'il se développe sur le vertex d'un misérable ou sur l'occiput d'un roi ; qu'il soit destiné à vivre inculte et sauvage sur le crâne rétréci d'une Hottentote, ou bien à se perdre lisse et brillant dans une tresse parfumée, le cheveu, dis-je, naît partout et toujours de la même façon.

Son berceau ressemble assez bien à une bouteille à goulot allongé. C'est un grand follicule dans lequel viennent souvent déboucher des glandules sébacées et dont la base porte un tubercule, ou *bulbe pilifère*, comme une bouteille présente un fond plus ou moins volumineux.

C'est ce tubercule qui donne naissance au cheveu, et qui le nourrit. Celui-ci prospère et grandit comme une plante sur ce terrain fertile; mais au lieu de s'accroître par son extrémité supérieure comme le végétal, il augmente par sa base et s'allonge en se hissant pour ainsi dire hors du tubercule.

— Mais pourquoi, objecta M. Bardane, certains cheveux sont-ils blonds, et d'autres bruns ?...

La couleur des cheveux est due à la quantité et à la qualité du pigment contenu dans l'intérieur du cheveu lui-même. Si mince et si fin qu'il soit, le cheveu n'est pas autre chose, en effet, qu'un canal à parois transparentes, comme le serait un tube de verre ; et vous voyez dans ce canal filiforme des cellules de pigment tout à fait semblables à celles qui se trouvent entre l'épiderme et le derme.

— C'est merveilleux, fit M. Bardane, de voir la vie s'étendre et se prolonger pour ainsi dire jusqu'à l'extrémité de nos cheveux ; et cependant on ne trouve dans leur canal central ni nerfs ni vaisseaux ?...

— Cela est vrai chez l'homme; mais chez quelques animaux les nerfs et vaisseaux des poils sont très-apparents. On peut les voir au microscope dans les moustaches du chat, et mieux encore dans les piquants du hérisson et du porc épic qui ne sont, d'ailleurs, que des poils de dimensions extraordinaires. Les follicules pileux sont, en outre, munis chacun d'un appareil moteur, c'est-à-dire, d'un muscle infiniment petit, qui les redresse et les hérisse, de manière à les rendre saillants à la surface de la peau. Celle-ci semble alors rugueuse et chagrinée, et présente cet aspect que l'on désigne sous le nom de *chair de poule*.

Je vous ai dit que les *ongles* sont, comme les poils, un produit de sécrétion. Je n'insisterai pas sur ces organes, qui chez l'homme civilisé, n'ont guère d'autre usage que d'orner et de protéger le bout des doigts. Nous savez que c'est l'ongle qui constitue la *griffe* des carnassiers et le *sabot* des pachydermes et des solipèdes.

— Fort bien, répondit M. Bardane, mais si je vous demande comment se produisent les *cornes* des bœufs, les *écailles* des poissons et les *plumes* des oiseaux, vous allez me répondre encore que ce sont des produits de sécrétions. Je veux bien vous croire; cependant comment se fait-il que des hommes aient quelquefois des écailles, et même des productions cornées sur la peau, comme j'ai pu récemment en voir un à la fête de Choisy?

— Ce sont des anomalies, des distractions de la nature créatrice. La Mère universelle qui nous a tous formés sommeille par moments, comme le vieil Homère; et souvent elle commet d'impardonnables étourderies. Nous l'avons déjà vue produisant ces taches de naissance que l'on appelle à tort des *envies*; nous pourrions lui reprocher de donner parfois l'existence à de pauvres êtres qu'elle a rendus difformes en les créant; nous voyons aujourd'hui qu'elle peut faire un monstre d'un homme bien constitué d'ailleurs, en lui donnant, dans un moment d'erreur, au lieu de poils et de cheveux, des cornes et des écailles.

— Ah! monsieur le docteur, s'écria sentencieusement M. Bardane, il n'est pas étonnant que l'homme, si léger et si frivole, se trompe quelquefois puisque la grande Nature, elle-même, ne sait pas toujours ce quelle fait!...

XV.

Une ingratitude. — Paroles et musique. — Clarinette et mirliton. — Grands inconvénients d'une petite ouverture. — La langue et les lèvres. — La leçon de M. Jourdain.

— On a bien raison de dire que l'homme est ingrat, fit M. Molène en reprenant le cours de ses entretiens : Depuis que je vous parle des divers organes qui constituent le corps humain, j'oublie celui qui me permet de vous faire savoir comment fonctionnent tous les autres.

Ce pauvre délaissé ne cesse pourtant, dans ces causeries familières, de travailler et de prendre de la peine, afin de me mettre en relations avec vous ; et c'est lui-même, mes chers amis, qui vous parle en ce moment.

Il s'appelle le *larynx*, et il est placé au-dessous de la base de la langue, en avant de l'œsophage qui, vous le savez, est la route de l'estomac.

Si vous cherchiez un peu dans vos souvenirs, ce brave larynx ne vous serait pas tout à fait étranger.

Nous l'avons effleuré un jour, ce me semble, dans un de nos entretiens sur l'appareil respiratoire; mais j'avoue que nous ne l'avons pas traité, cette fois là, comme il le mérite.

Le larynx est l'organe de la voix, en même temps que la porte d'entrée de la *trachée-artère*, qui conduit l'air aux poumons.

Figurez-vous une petite boîte triangulaire un peu plus longue que large, et placée debout à la partie antérieure du cou, de manière qu'une de ses arêtes soit dirigée en avant. Arrondissez un peu ses angles par la pensée ; vous aurez une image assez exacte du larynx.

Si vous voulez tâter avec votre main cette saillie qu'on nomme la *pomme d'Adam*, vous pourrez aisément vérifier ce que je viens de vous dire, en même temps que vous apprécierez le volume et la mobilité de l'appareil vocal.

Les deux parois latérales de la petite boîte sont formées par une seule pièce cartilagineuse pliée en deux, comme un capucin de carte, et nommé le *cartilage thyroïde*. La paroi postérieure est un assemblage de trois pièces plus petites, dont l'une, le *cartilage cricoïde*, supporte les deux autres. Celles-ci, de forme pyramidale, sont les *cartilages aryténoïdes*; et quoiqu'elles soient de toutes les plus exiguës, elles sont pourtant les plus importantes au point de vue des fonctions qu'elle remplissent. Le cartilage cricoïde, en forme de cercle, est le premier anneau cartilagineux de la trachée.

De la base et du sommet des aryténoïdes partent deux rideaux membraneux, transversalement tendus au travers de la boîte triangulaire, et fixés, par un de leurs bords, au cartilage thyroïde. L'autre bord, libre, n'atteint pas tout à fait le milieu du triangle formé par l'ouverture de la boîte, de sorte qu'il reste en cet endroit une véritable fente entre les deux rideaux; et c'est par cet étroit passage que l'air pénètre dans la trachée pour se rendre aux poumons.

Nous touchons aux parties essentielles du larynx, et tout le mécanisme de la voix est dans la contraction ou le relâchement plus ou moins prononcé de ces deux rideaux membraneux, qui justement se remuent en ce moment même dans mon larynx, pour vous dire ce qu'ils sont.

—Ne seraient-ils pas les cordes vocales? demanda M. Verdier avec beaucoup de perspicacité.

— Vous l'avez dit. Ce sont les cordes vocales. L'air, entrant et sortant, les fait vibrer comme l'anche d'une clarinette. Il vibre lui-même dans le larynx comme dans un mirliton, et c'est ainsi que le son vocal se produit.

La fente qui existe entre les deux rideaux se nomme la *glotte*. Lorsqu'elle se ferme dans quelques maladies, telles que le *croup*, l'air ne pouvant plus passer pour aller régénérer le sang, celui-ci s'épaissit et amène la mort du malade par l'*asphyxie*.

Le même accident se produit toutes les fois qu'un corps étranger d'un certain volume étant avalé de travers pénètre malheureusement dans le larynx ; et très-souvent, le seul moyen auquel on puisse alors recourir, pour sauver le malade, consiste à pratiquer un passage artificiel à l'air, en faisant une incision

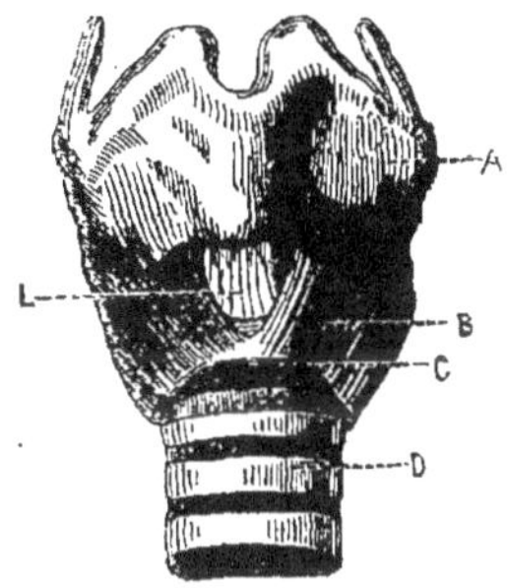

Fig. 47. — Le larynx (*face antérieure*) [1].

à la *trachée-artère* au-dessous du point où siége le mal. Cette opération, nommée la *trachéotomie*, a bien des fois sauvé la vie à de pauvres enfants étouffés par le croup.

Je vous ai dit que de la base et du sommet des cartilages aryténoïdes partaient deux rideaux membraneux. Il y a donc en tout, dans le larynx, *quatre* cordes vocales, c'est-à-dire deux de chaque côté.

[1] A. Cartilage thyroïde. — B. Muscles crico-thyroïdiens. — C. Cartilage cricoïde. — D. Trachée. — L. Ligament.

Placées l'une au-dessus de l'autre et séparées par un étroit espace que l'on appelle le *ventricule*, elles sont d'inégale grandeur. La corde vocale *inférieure*, la plus étendue, est aussi la plus importante.

L'appareil vocal, que je comparais tout à l'heure à une boîte, doit avoir nécessairement son cou-

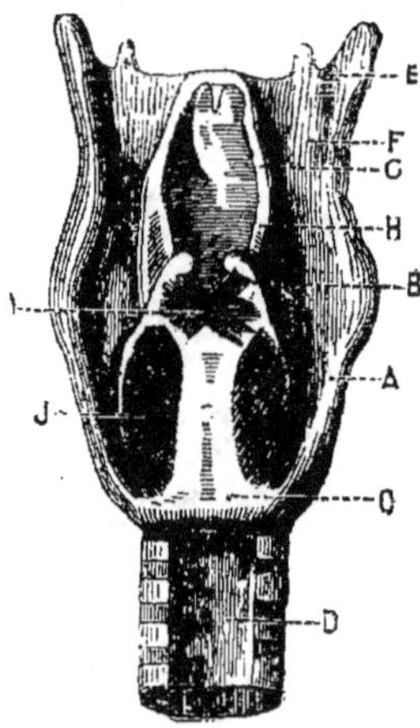

Fig. 48. — Le larynx *(face postérieure)* 1.

vercle. Il se nomme l'*épiglotte*, et pendant la déglutition des aliments il s'applique exactement sur l'ouverture du larynx. De cette façon, les aliments passent dans l'œsophage sans pénétrer dans le larynx, et si parfois ils se trompent de route, un violent accès de toux, occasionné par l'irritation qu'ils produisent sur la muqueuse laryngée, les expulse bien

1 A. Cartilage thyroïde. — B. Cartilage aryténoïde. — C. Cartilage cricoïde. — D. Trachée. — G. Épiglotte. — H. Ouverture du larynx.

vite de l'organe dans lequel ils ont essayé de se fau-
filer.

—Je comprends fort bien, interrompit ici M. Bardane, que le larynx produise des sons. C'est une
sorte d'instrument de musique très parfait sans
doute, mais je crois bien que sans le secours de la
langue et des lèvres, nous aurions beaucoup de
peine à nous exprimer...

— Nous ne le pourrions pas, reprit le docteur.
Le larynx produit seulement des sons ; les fosses
nasales, le pharynx et la voûte du palais les renfor-
cent ; mais la langue et les lèvres les articulent ; et
c'est grâce à ces derniers organes que nous *parlons.*

Je vous expliquerais bien le mécanisme de la parole ; mais j'aurais de la peine à le faire aussi sa-
vamment que Molière dans une des plus charmantes
scènes du *Bourgeois gentilhomme.*

M. Jourdain, le héros de la pièce, veut apprendre
l'orthographe, et le maître de philosophie lui apprend d'abord qu'il y a cinq voyelles : A. E. I. O. U.

Le maître de philosophie. La voix A se forme en
ouvrant la bouche : A.

M. Jourdain. A. A. Oui.

Le maître de philosophie. La voix E. se forme
en rapprochant la mâchoire d'en bas de celle d'en
haut : A. E.

M. Jourdain. A. E. A. E. Ma foi oui ! Ah! que cela
est beau !...

Le maître de philosophie. Et la voix I en rapprochant encore davantage les mâchoires l'une de l'autre, et écartant les deux coins de la bouche vers les oreilles : A. E. I.

M. Jourdain. A. E. I. I. I. I. Cela est vrai ! Vive la science !

Le maître de philosophie. La voix O se forme en rouvrant les mâchoires et rapprochant les lèvres par les deux coins, le haut et le bas : O.

M. Jourdain. O. O. Il n'y a rien de plus juste. A. E. I. O. I. O. Cela est admirable ! I. O ! I. O !

Le maître de philosophie. L'ouverture de la bouche fait justement comme un petit rond qui représente un O.

M. Jourdain. O. O. O. Vous avez raison. O. Ah ! la belle chose de savoir quelque chose.

Le maître de philosophie. La voix U se forme en rapprochant les dents sans les joindre entièrement et allongeant les deux lèvres en dehors, sans les joindre tout à fait : U.....

M. Jourdain. U. U. Cela est vrai ! Ah ! Ah ! que n'ai-je étudié plutôt pour savoir tout cela !

Le docteur avait à peine achevé la lecture de ce passage, que M. Bardane, l'instituteur, le marguillier, et tous les autres auditeurs, s'efforcèrent d'articuler à qui mieux mieux les cinq voyelles ; et leur enthousiasme s'éleva bientôt à la hauteur de l'admiration de M. Jourdain.

XVI.

Je vous ai dit, un jour, continua le docteur, le
jeudi suivant, que la nature fabriquait, à mesure
que nous grandissions, les divers tissus dont se
compose notre corps.

Elle a le secret d'extraire des aliments que nous
prenons toutes les substances dont elle a besoin
pour faire nos os, nos muscles, nos vaisseaux sanguins, la graisse qui remplit les creux trop prononcés, la peau qui revêt toute la machine humaine
et les nombreux organes chargés d'accomplir en
nous les travaux nécessaires à la prospérité de l'é-
conomie.

Chez la plupart des hommes, cette fabrication
naturelle des tissus marche très-régulièrement et se
fait avec une grande exactitude; mais chez certains
individus la nature s'oublie quelquefois, comme j'ai

déjà eu l'occasion de vous le dire, et, au lieu de leur faire des tissus irréprochables et des organes *normaux*, elle gâte souvent son ouvrage presque toujours au moment de le terminer.

Elle a, par exemple, le tort de ne savoir pas s'arrêter à temps ; de fabriquer d'un tissu beaucoup plus que nous n'en avons besoin ; d'ajouter à son œuvre achevée des appendices inutiles qui peuvent constituer d'affreuses difformités et causer de cruelles souffrances au malheureux ainsi maltraité.

Que penseriez-vous d'un artiste qui, après avoir modelé une magnifique statue, lui mettrait une bosse dans le dos pour utiliser un morceau d'argile qui lui resterait ?

— Je penserais qu'il a perdu la tête, fit M. Bardane avec aplomb.

— Eh bien ! la nature, toute sage qu'elle est, travaille quelquefois de la sorte ; et la médecine place dans les *hypertrophies* et les *tumeurs* toutes les fautes de ce genre qu'elle commet.

Quand ce sont les éléments du tissu osseux qui lui restent, elle en forme de petites éminences sur divers points du squelette ; et ces *exostoses*, comme les médecins les appellent sont surtout dangereuses lorsque, naissant dans l'intérieur du crâne, elles compriment le cerveau. Certaines maladies favorisent le développement des exostoses, mais la nature utilise quelquefois d'une autre façon les éléments osseux en excès dans l'économie. Elle les dissémine et les répand le long des artères, les interpose aux diverses tuniques qui composent ces vaisseaux, et transforme ainsi ces canaux membraneux et souples, en tubes de pierre dépourvus de toute élasticité. *L'ossification des artères* n'est pas très-rare chez les vieillards.

C'est quelquefois le *tissu cartilagineux* que la nature fabrique en trop grande abondance. Elle occasionne alors des *enchondrômes* que l'on voit ordinairement au niveau des articulations, et sur tous les points où le cartilage se trouve à l'état normal.

Souvent aussi, c'est le *tissu fibreux* qui se développe d'une manière exagérée, et, dans ce cas, des *tumeurs fibreuses* peuvent se former sur différentes parties du corps.

— Et quand c'est la graisse ? soupira tout à coup M. Bardane, quand c'est la graisse qui se fabrique dans de semblables proportions, on met du ventre, n'est-ce pas ?... Et le brave homme caressa tristement son vaste abdomen.

— Oui, reprit le docteur, on devient obèse presque toujours, et pourtant la nature a une autre façon d'employer la graisse et le tissu cellulaire dont elle ne veut pas rembourrer le ventre de ses enfants...

— Ah ! Ah ! voyons cette seconde manière ?...

— Elle est pire que la précédente, car c'est l'accumulation de la graisse sur un point très-limité du corps ; c'est la formation d'une boule souvent énorme, d'une tumeur, d'une véritable bosse de graisse que nous appelons le *lipôme*, et qui peut devenir tellement gênante que le malade soit forcé de recourir au chirurgien.

— Mauvaise affaire ! s'écria M. Bardane ; du moment que le chirurgien entre en jeu, mon pauvre ventre ne me gêne plus, et je ne le changerais point contre le moindre lipôme : j'aime mieux être rembourré que décousu...

— Bien des gens sont de votre avis, et je respecte trop la peau humaine pour vous dire que vous avez tort. Je n'aime guère plus que vous les accrocs et les reprises faits au plus précieux et au plus intime de nos vêtements , le seul qui soit constamment resté à la mode depuis le père Adam.

Mais j'ai hâte de vous parler d'un dernier tissu que la nature développe parfois en un point du corps où il n'est nullement utile, c'est-à-dire au bout du nez. Ce tissu, constitué par un assemblage compacte, une trame serrée de petits vaisseaux, est très-spongieux et se nomme *tissu érectile*, parce qu'il se gonfle extraordinairement quand le sang afflue dans les innombrables veinules dont il est composé. Les ivrognes paraissent avoir le privilége de cette hypertrophie du tissu érectile, et vous avez dû souvent remarquer que le nez des fils de Bacchus prenait par moments des teintes violacées tout à fait caractéristiques...

M. Bardane, qui depuis un moment regardait de côté son voisin le sonneur, jaloux alors de le taquiner un peu, lui dit tout bas ces paroles :

— Marguillier, prenez garde !... le bout de votre nez vous jouera un mauvais tour...

— Comme à vous votre ventre ! riposta M. Martin qui se tenait sur la défensive.

— Ne vous reprochez donc pas ainsi vos petites misères, fit M. Molène en intervenant. Nous avons bien d'autres griefs que ceux-là contre la nature, et si vous savez à présent comment elle exagère nos tissus, vous ne connaissez pas encore de quelle terrible façon elle fabrique, pour les plus grandes souffrances du genre humain, quelques maladies d'un caractère tout particulier, entre autres le *tubercule* et le *cancer.*

Ce mot de tubercule ne vous est pas très-familier peut-être, mais il me suffira de vous dire que ce produit pathologique est l'agent spécial de la *phthisie* pour que vous sachiez à quoi vous en tenir sur sa perfidie et sa malignité.

Le tubercule et le cancer sont des tissus qui diffèrent considérablement de ceux qui entrent dans la composition normale de notre corps ; mais la nature développe et nourrit les uns et les autres absolument de la même manière. Cette différence entre les tissus normaux et les tissus pathologiques est même si marquée, que beaucoup de médecins regardent ces derniers comme de véritables productions parasitaires naissant d'une sorte de *graine*, et semblables à celles qui vivent sur le chêne ou le pommier.

Cette théorie est assez ingénieuse, du reste, et je m'en servirai pour vous raconter l'évolution du tubercule, beaucoup plus compliquée peut-être, mais aussi plus connue que celle du cancer.

Les médecins, dont je vous parle, donnent le nom de *cellule* à la graine qui produit le tissu morbide ; et la cellule du tubercule, vue au microscope, différant essentiellement de celle du cancer, il est de toute évidence qu'il n'existe, entre les deux maladies, aucun lien de parenté.

La graine étant reconnue, comment se trouve-t-elle dans le corps du malheureux qu'elle doit faire mourir plus tard ?... Ici, les opinions sont partagées; les uns disent que la cellule se forme dans le sang ; d'autres prétendent qu'à la naissance de l'individu elle s'y trouve déjà déposée, et qu'elle est ainsi transmise par hérédité. Les faits extrêmement nombreux, qui prouvent que la phthisie est héréditaire, sembleraient donner raison à ceux-ci; mais la science est encore trop peu avancée pour pouvoir définitivement se prononcer sur ce point.

Quoi qu'il en soit, voilà donc la graine, la cellule

dans le sang, toute prête à germer, à se développer, et à engendrer ce terrible fléau qui fait de si cruels ravages.

— Eh grand Dieu ! s'écria tout à coup M. Bardane n'est-il donc aucun moyen pour empêcher la germination de cette mauvaise graine ; et un pauvre homme est-il fatalement condamné à mourir, parce qu'une de ces affreuses cellules circule dans son corps ?...

— Pardonnez-moi, M. Bardane, le moyen existe et il consiste en précautions hygiéniques tout simplement.

La cellule tuberculeuse est extrêmement petite ; c'est une graine microscopique, mesurant environ 7 à 8 *millièmes* de *millimètre* dans la plus grande largeur, et, fort heureusement pour quelques personnes, ne germant point sans une certaine difficulté. En n'usant de la vie qu'avec une extrême prudence, en se ménageant et se soignant un peu, on parvient bien souvent à tromper son ennemi et à lui faire passer sans qu'il s'en aperçoive le moment où il devrait tout à coup vous attaquer et vous livrer bataille.

— Eh mais, reprit le bonhomme de Jouy-en-Josas, si vous le trompez une fois, ne finit-il pas tôt ou tard par prendre sa revanche ?

— Il est bien rare, répondit le docteur, qu'après un certain âge, il puisse encore vous faire du mal.

C'est entre dix-huit et trente ans qu'il est surtout redoutable, et qu'il faut se défier de lui.

A mesure qu'elle vieillit, la graine, en effet, perd de ses forces, la cellule n'a plus sa vigueur malfai-/ sante ; et si, la trentaine passée, elle n'a jamais manifesté sa présence par quelque fâcheux symptôme il est probable qu'elle se flétrira et finira par disparaître sans avoir fait aucun mal.

— Parbleu ! reprit M. Bardane, nos graines de fleurs et de légumes ne se comportent pas autrement ! Laissez-les quelque temps sur la planche, sans les semer, et la faculté qu'elles ont de germer se perdra bien vite !...

— De plus, continua le docteur, la cellule tuberculeuse est incapable de se développer dans tous les organes indistinctement. Tous les terrains ne lui conviennent pas. Ceux qu'elle préfère, et dans lesquels elle germe ordinairement, sont le cerveau et le péritoine, chez les enfants ; les poumons chez les adultes.

Dans le cerveau, la graine en se développant occasionne la *méningite tuberculeuse* ; dans le péritoine qui tapisse la cavité abdominale, elle engendre le *carreau*, et dans les poumons la *phthisie pulmonaire*.

C'est dans ces derniers organes que le tubercule a a été longuement étudié par d'habiles et de consciencieux médecins. Je vous ferai la prochaine fois son histoire complète, et nous suivrons pas à pas son évolution qui est des plus intéressantes à connaître. Vous comprendrez aisément par cet exemple, qu'une maladie est un phénomène purement naturel, qu'elle a une origine, une naissance, une période d'accroissement et une de déclin ; et vous verrez combien il est quelquefois difficile d'agir sur sa marche, quoiqu'on la connaisse parfaitement.

Ici M. Bardane hocha la tête en signe d'approbation ; il montra par un intelligent sourire qu'il adoptait sans restriction la théorie du produit pathologique naissant d'une cellule, mais au moment où il franchissait le seuil de la porte, on l'entendit prononcer ces mots :

— C'est égal ; il faut que la nature soit bien désœuvrée pour s'amuser à faire du jardinage en semant des graines dans notre pauvre corps !...

XVII.

Ce soir là, M. Molène, sentant que ses entretiens devaient se terminer en même temps qu'il allait montrer à ses auditeurs la vieillesse et la maladie victorieuses de l'homme, laissait voir, sur son front plus sérieux, l'expression d'un véritable regret.

—Nous sommes enfin, dit-il à demi-voix, en présence de cette terrible maladie tuberculeuse, à l'étude de laquelle je vous ai tout doucement conduits, et que je vous ai depuis longtemps signalée comme la plus cruelle ennemie du genre humain.

Le monstre épouvantable est devant nous ; et quelque effrayant qu'il soit à considérer de près, j'ai l'intention, mes chers amis, de vous le montrer sous toutes ses faces et de vous dévoiler toutes ses perfidies.

Revenons donc à cette cellule dont je vous parlais l'autre jour, à cette *graine* du tubercule qui engendre la phthisie.

Supposons la déposée dans le tissu du poumon, dans un endroit un peu engorgé, un peu congestionné par le sang, comme cela peut arriver quelquefois à la suite d'un *rhume* prolongé. La voilà dans un terrain qui lui convient à merveille ; elle est dans d'aussi bonnes conditions pour germer, qu'un grain de chènevis tombé dans un champ fraîchement labouré ; vous allez voir comment la méchante graine va vivre et prospérer au détriment du pauvre organe si malheureusement ensemencé.

La cellule, d'abord imperceptible, s'accroît lentement. Elle grossit, se développe, s'arrondit, se multiplie à l'infini, produit un petit *tubercule* de la grosseur d'un grain de *millet*, et n'occasionne encore que quelques symptômes peu alarmants. Le malade tousse, il éprouve quelques vagues douleurs... C'est la première période.

Le tubercule, ainsi formé, augmente de volume, et comprime, en se développant, le tissu pulmonaire qui l'environne.

Or, comme jamais il ne se forme dans le poumon qu'un seul tubercule à la fois, et que presque toujours, au contraire, les graines y ont été semées en grande abondance, il arrive bientôt que l'organe, envahi par tous les tubercules développés en même temps, devient incapable de dilater ses vésicules aériennes, froissées et comprimées de toutes parts...

— J'imagine, interrompit ici M. Verdier, que le poumon, pétri de tubercules, doit assez exactement ressembler à ces gateaux secs et communs dont la pâte est mélangée de gros morceaux d'amandes ?... N'est-ce pas ?

— Vous devinez juste, répondit le docteur, seulement, à mesure que la maladie fait des progrès, les tubercules, se développant sans cesse, refoulent de plus en plus le tissu du poumon, et ils sont alors beaucoup plus rapprochés les uns des autres que les morceaux d'amande dans les gâteaux granitiques dont vous parlez.

— Eh bien ! répartit M. Bardane, cela ressemble à du nougat, alors ?...

— Ma foi oui !... s'écria le docteur, je rends hommage à votre perspicacité, monsieur Bardane, et j'accepte votre comparaison. Malheureusement les tubercules ont, dans le poumon, un désavantage que les amandes n'ont pas dans le nougat. Ils se ramollissent, et c'est ainsi qu'ils donnent naissance aux plus tristes symptômes de la phthisie.

Voici rapidement ce qui se passe dans cette seconde période de la maladie :

Quand ils ont atteint le volume d'un grain de maïs, les tubercules, blanchâtres et friables comme

du fromage un peu dur, jaunissent à leur centre.
et cette coloration jaune gagne promptement toute
la masse tuberculeuse.

Alors, la teinte jaune étant devenue générale, le
centre reprend une nouvelle couleur. Il devient d'un
gris sale, en même temps qu'il se ramollit, se liquéfie, et se fond en un liquide pernicieux et funeste
dont le nom bien connu inspire le dégoût ; — il se
fond en *pus*...

Dès ce moment, le mal est tout à fait déclaré. Le
monstre s'attache à sa victime ; le malade a perdu
une première bataille contre son cruel ennemi. La
nature aurait pu, lorsque les tubercules n'avaient
pas encore pris la teinte jaune, les durcir tout à
coup, les transformer en une matière pierreuse et
crétacée qui n'eût pas été liquéfiable, et, de cette
manière, amener la guérison. Mais si elle n'a pas
eu la force de le faire, — et cela n'arrive que trop
souvent — le tubercule fond, et le pus, âcre et cor-
rosif, se trouvant en contact avec le tissu pulmonaire, l'attaque et le ronge sur plusieurs points.

Le combat entre la nature conservatrice, qui veut
sauver le malade, et la phthisie, qui veut l'entraîner
recommence alors plus terrible que jamais. A ce
moment le médecin, auxiliaire sage et prudent,
emploie tous les moyens pour aider et secourir la
nature. Il donne des forces au malade en même
temps qu'il cherche à frapper directement l'ennemi.

Mais si le mal triomphe encore de tant d'efforts réunis, le pus des tubercules creuse des *cavernes* dans le poumon, et par les bronches éraillées s'infiltrent alors du sang provenant des veinules et des artérioles rongées, des liquides purulents et des détritus fournis par la fonte des tubercules. Le pauvre malade qui s'épuise, crache tout cela ; mais la nature lutte toujours et dans un dernier effort elle peut encore fermer les cavernes, les dessécher, les cicatriser et sauver enfin le malade.

Dans ces cas surprenants, il se produit dans le foyer du mal un travail extraordinaire et vraiment admirable. La vie se réveille avec une sauvage énergie. Elle combat à outrance. Il semblerait qu'elle a laissé le mal conduire sa victime jusqu'à la porte du tombeau, pour se jeter tout à coup sur lui et lui arracher le patient. Au moment suprême, elle se manifeste avec une sorte de fureur, elle étouffe et chasse la maladie et rétablit presque brutalement le malade. C'est un audacieux défi qu'elle jette à la mort, et peut-être aussi... au médecin...

Malheureusement, mes chers amis, nous sommes trop rarement témoins d'une telle victoire. Dans la lutte, le malade, épuisé, presque toujours succombe, et si je vous ai fait connaître jusqu'à présent l'homme plein de vie, fonctionnant comme une machine aux rouages multiples et compliqués, si je vous l'ai d'abord montré dans son état normal et physiologique, puis en proie à la souffrance et à la maladie, il ne me reste plus qu'à vous dire ce qu'il devient quand la mort l'a condamné au repos absolu.

— Oh ! oh ! s'écria M. Bardane en entendant ces paroles, vous touchez à un problème délicat, monsieur le docteur !

— Soyez tranquille, mon brave ami, nous n'entrerons pas plus aujourd'hui qu'hier dans le domaine de la métaphysique ; et comme ce n'est guère hors de ce terrain-là que prospèrent les discussions et les disputes, nous ne serons point déchirés par ces ronces épineuses.

Ne nous occupons que de l'homme machine, celui que nous avons jusqu'à présent étudié, et le seul dont nous puissions parler avec quelque certitude.

Je vous le présente, aujourd'hui, arrêté, détraqué, sans mouvement, comme une montre dont on a cassé le grand ressort. La vieillesse ou la maladie l'a tué ; et les forces mytérieuses, qui travaillent à la création et aux transformations des êtres, le reprennent pour fabriquer une foule d'autres choses avec ses tristes débris.

Vous pensiez peut-être que rien n'était plus inutile et gênant qu'un cadavre. Détrompez-vous. Chacun de ses morceaux, de ses atômes, sera utilisé par la nature qui les emploiera à refaire des êtres nouveaux.

Vous avez sans doute vu passer dans nos villages

ces fondeurs en étain, qui, chargés d'un petit fourneau et de quelques moules en fonte, viennent demander de l'ouvrage aux gens du pays ?... On leur donne une vieille écuelle de métal, trouée, bosselée, et depuis longtemps mise à la retraite ; et voilà qu'aussitôt ils s'installent en plein air, allument leur fourneau, et fondent dans une grande cuillère en fer le vase hors de service qu'ils ont reçu de leur client. Pendant que l'écuelle fusible se liquéfie lentement, ils apprêtent leurs moules, et finissent par y verser le métal en fusion, brillant et mobile comme du vif argent. De l'objet devenu inutile, ils font ainsi, moyennant une faible rétribution, plusieurs objets tout neufs: une cuillère, une fourchette, une bobêche, et même un petit chandelier, si l'étain est en quantité suffisante.

Eh bien, les forces inconnues, qui président au renouvellement des êtres, travaillent tout à fait comme ces fondeurs ambulants. Les cadavres sont les vieilles écuelles qu'elles refondent, et dont, autant que possible, elles tirent un bon parti. Savez-vous ce que nous sommes, quand nous avons dormi quelque temps sous terre, et que la décomposition s'est emparée de nous ?...

Notre corps n'a plus de forme, nos organes n'existent plus. Nous ne sommes plus une machine formée de muscles, d'os, de nerfs, de vaisseaux. Tout cela s'appelle alors carbone, phosphore, soufre, oxygène, hydrogène, azote; et ces divers éléments, associés et combinés en nous, durant la vie, se séparent maintenant et tirent, comme on dit, chacun de son côté.

Les uns s'en vont à l'état gazeux, l'azote, par exemple. D'autres, restant unis après la mort de l'être qu'ils constituaient, s'échappent à l'état liquide, ou se solidifient en cristaux, en attendant que la nature leur trouve ailleurs de l'occupation.

Presque tous sont employés à la nourriture et à l'accroissement des végétaux. L'oxygène et l'hydrogène forment de l'eau qui est bue par les racines ; le carbone, se dégageant en acide carbonique, est absorbé par les feuilles ; le soufre et le phosphore surtout passent dans les plantes à l'état de sels.

Voilà ce que nous devenons après un court séjour sous la terre. Les plantes qui fleurissent au-dessus de nous se partagent les divers éléments qui composaient notre corps. Ce qui était poumon, cœur, estomac, cerveau, devient tissu végétal, brin d'herbe, pâquerette, chrysanthème ou pissenlit. Tel muscle devient rameau dans un cyprès ; telle artère sert à fabriquer un vaisseau pour la sève, sous l'écorce d'un rosier. Il n'est pas une parcelle de la substance animale décomposée qui disparaisse et reste sans emploi. « Dans la nature, disait Lavoisier, rien ne se crée, rien ne se perd. »

Nous voilà donc passés dans les fleurs et dans les

arbres ; mais vous comprenez que nous ne sommes pas condamnés à rester là. Le végétal ne sert qu'à nourrir l'animal ; et si, comme cela se voit fréquemment autour de nos cimetières de village, un troupeau de moutons vient à brouter les jeunes pousses et les feuilles de la haie qui clôture l'enclos des morts, voilà les éléments, jadis constitutifs d'un corps humain, qui s'élèvent au grade de gigot ou de côtelette, après un intérim plus ou moins long dans les branches de la haie.

Vous savez, aussi bien que moi, que le sort du mouton est d'être mangé par les hommes, — à moins qu'il ne le soit par les loups, — et ceci vous explique de quelle façon les éléments, dont nous étudions les métamorphoses successives, redeviennent ce qu'ils étaient.

Mais la transformation ne s'accomplit pas toujours avec cette rapidité ; car les ruminants, dont nous mangeons la chair, n'ont point l'autorisation de brouter dans les cimetières. Aussi demeurons-nous longtemps feuilles ou fleurs ; ce qui vaut peut-être mieux, en définitive, que de rentrer trop vite dans le corps du premier venu.

Vous voyez que la théorie de la métempsycose, dont Pythagore se servait pour expliquer le passage de l'âme d'un corps dans un autre, est absolument vraie pour ce qui regarde les principes matériels de notre corps.

Quant à l'élément immatériel, sa subtilité ne nous a jamais permis de l'atteindre ni de l'apercevoir. Nos sens étant trop faibles, nous avons inventé le microscope pour fouiller, au-dessous de nous, le monde des infiniment petits ; mais ce merveilleux instrument ne nous a rien appris sur l'origine du principe impalpable qui nous anime.

Nous avons inventé le télescope pour sonder l'infini : nos regards, à travers d'effrayants espaces, ont surpris des mondes obéissant aux mêmes lois que le nôtre; nous avons lu couramment dans des nuages d'étoiles ; mais l'infiniment grand comme l'infiniment petit est toujours resté muet devant ces deux questions :

D'où vient l'homme ? Où va-t-il ?

FIN.

TABLE DES MATIÈRES.

2280. — Abbeville, imp. Briez, C. Paillart et Retaux.